新物理学ライブラリ＝7

熱・統計力学入門

阿部 龍蔵 著

サイエンス社

サイエンス社のホームページのご案内
http://www.saiensu.co.jp
ご意見・ご要望は　rikei@saiensu.co.jp　まで．

まえがき

　サイエンス社発行の新物理学ライブラリは，高校の物理教育の状況をふまえ，大学理工系，工科短大，専門学校，高専の学生を対象として，大学初年級の物理学をできるだけ平易に解説することを目的としている．当初，本ライブラリには ① 物理学，② 力学，③ 連続体力学，④ 電磁気学，⑤ 振動・波動，⑥ 量子力学，⑦ 熱・統計力学，⑧ 現代物理，⑨ 物理数学 などの科目をとり上げるという計画であった．

　このライブラリの内，最初著者による「力学」の教科書が 1975 年に発刊されたが，幸いにもこの著書は世に受け入れられ，1992 年には［新訂版］が発行されるにいたった．「物理学」の教科書も 1988 年，阿部龍蔵・川村清により刊行され 2002 年 12 月には新たに佐々田博之氏のご協力を得て「物理学［新訂版］」が発刊されることとなった．この他既刊の教科書はいずれも多くの読者に読まれ，我が国の物理学，工学の発展に貢献できたことは関係者の一人として喜びに堪えないところである．これも読者のご愛顧とサイエンス社営業のご努力の賜物と感謝申し上げる次第である．

　上記の①〜⑨の内，現在⑦，⑧は空白状態である．そこで，この空白を埋めるべく執筆したのが本書である．このライブラリが著者と密接な関係をもつことが執筆の動機であるが，実はそれだけではない．著者は 1961 年から 1966 年まで物性研究所に勤務した物性研の OB である．当時，東京大学の六本木キャンパス内に研究所があったが，最近柏キャンパスへと移転した．2002 年 11 月 1 日，2 日に移転を祝して研究所の一般公開が行われ，1 日には祝賀のパーティーが開催された．この席上で物性研の現所員から本日見学に来た高校生らしいのが潜熱を知らないのに驚いたという嘆きを聞かされた．氷を溶かすとか，湯が沸騰するときに潜熱は身近な現象として経験されるはずなのにこれを知らないというのは，どう考えてもおかしいという他はない．

　といって，世間の人が熱に全く無関心かといえば事情はむしろ逆である．一般の人を対象に「カロリー」という言葉を知っているかというアンケート調査をすれば，この言葉の知名度はほぼ 100 ％ という結果になるであろう．

その背景には飽食の時代ということもあり，ダイエットに関心が深まっているといった時代背景もある．1973年，1979年の二度にわたるオイルショックをうまく乗り切った我が国は1980年代好景気の時代を迎えいわゆるバブルに浮かれた．私たちの世代は戦時中食うや食わずの食生活を送ったが，それが夢物語となるほど食べ物は贅沢となった．なにしろ日本人はエビが大好物で世界でとれるエビの4分の1は我が国で消費されるそうである．

「潜熱」と「カロリー」との間のギャップは何だろう．そもそもカロリーという言葉が通用するのは物理学の立場としてはおかしいといわざるをえない．カロリーは元来エネルギーの単位であるが，現在ではその単位としてジュールを使うことが国際的に決められているからである．しかし，「カロリーのとり過ぎ」というが「ジュールのとり過ぎ」とはいわない．

潜熱とかカロリーは熱学の基本事項をきちんと学べば自然に理解できるものである．本書は高校物理に毛の生えた程度で熱の性質を扱うことを建前とした．スタイルは「物理学［新訂版］」とか本ライブラリの別巻①「Essential 物理学」のそれを踏襲し，左側に本文，右側に図，例題，参考，補足などを配し読みやすい形とした．Essential 物理学ではコラム的な欄を設ける余裕がなかったが，本書では可能な限り肩のこらない挿話をいくつか準備した．勉学の「癒し」となれば幸いである．

最後に，本書の執筆にあたり，いろいろご面倒をおかけしたサイエンス社の田島伸彦氏，鈴木綾子氏，また刊行をお薦め下さった森平勇三社長に厚く感謝の意を表する次第である．

　　　2003年夏

　　　　　　　　　　　　　　　　　　　　　　　　　　　　阿　部　龍　蔵

目　　次

第1章　温　　度　　1

- **1.1** 温度の定義 ……………………………………… 2
- **1.2** 高温と低温 ……………………………………… 4
- **1.3** 熱　平　衡 ……………………………………… 8
- **1.4** 各種の温度計 …………………………………… 10
- 　　　演 習 問 題 …………………………………… 12

第2章　熱　現　象　　13

- **2.1** 熱 と 熱 量 ……………………………………… 14
- **2.2** 熱容量と比熱 …………………………………… 16
- **2.3** 熱 の 働 き ……………………………………… 18
- **2.4** 熱 の 移 動 ……………………………………… 22
- 　　　演 習 問 題 …………………………………… 24

第3章　熱 と 仕 事　　25

- **3.1** 熱と仕事との関係 ……………………………… 26
- **3.2** 火 の 歴 史 ……………………………………… 28
- **3.3** 熱の仕事当量 …………………………………… 30
- **3.4** 状 態 方 程 式 …………………………………… 32
- 　　　演 習 問 題 …………………………………… 34

第4章　熱力学第一法則　　35

- **4.1** 内部エネルギー ………………………………… 36
- **4.2** 熱力学第一法則 ………………………………… 38
- **4.3** 理想気体の性質 ………………………………… 40
- **4.4** 断 熱 変 化 ……………………………………… 42
- **4.5** カルノーサイクル ……………………………… 44
- 　　　演 習 問 題 …………………………………… 48

第5章　熱力学第二法則　　49

- 5.1 可逆過程と不可逆過程 ………………………………… 50
- 5.2 クラウジウスの原理とトムソンの原理 ……………… 52
- 5.3 可逆サイクルと不可逆サイクル ……………………… 54
- 5.4 クラウジウスの不等式 ………………………………… 56
- 5.5 エントロピー …………………………………………… 58
- 5.6 各種の熱力学関数 ……………………………………… 62
- 5.7 化学ポテンシャル ……………………………………… 64
- 　　演習問題 ………………………………………………… 68

第6章　分子の熱運動　　69

- 6.1 気体分子の速度分布 …………………………………… 70
- 6.2 気体の圧力 ……………………………………………… 74
- 6.3 マクスウェルの速度分布則 …………………………… 78
- 6.4 各種の平均値 …………………………………………… 80
- 6.5 理想気体の内部エネルギー …………………………… 82
- 　　演習問題 ………………………………………………… 86

第7章　統計力学の基本的な考え方　　87

- 7.1 解析力学入門 …………………………………………… 88
- 7.2 位相空間 ………………………………………………… 92
- 7.3 ほとんど独立な粒子の集まり ………………………… 94
- 7.4 エルゴード仮説 ………………………………………… 96
- 　　演習問題 ………………………………………………… 98

第8章　マクスウェル・ボルツマン分布　　99

- 8.1 位相空間の分割 ………………………………………… 100
- 8.2 最大確率の分布 ………………………………………… 102
- 8.3 マクスウェル・ボルツマン分布 ……………………… 106
- 8.4 分配関数 ………………………………………………… 108
- 8.5 ボルツマンの原理 ……………………………………… 110
- 　　演習問題 ………………………………………………… 112

第 9 章　古典統計力学の応用　　113

- 9.1　単原子分子の理想気体 114
- 9.2　一次元調和振動子 118
- 9.3　固体の比熱 120
- 9.4　二原子分子の理想気体 122
- 9.5　イジング模型 126
- 　　演習問題 128

第 10 章　正準集団と大正準集団　　129

- 10.1　正準集団 130
- 10.2　分配関数 132
- 10.3　大正準集団 136
- 10.4　大分配関数 138
- 10.5　分配関数と大分配関数 140
- 10.6　ゆ ら ぎ 142
- 　　演習問題 146

演習問題略解　　147
索　引　　166

温　　度

　寒い，暑い，冷たい，暖かいといった寒暖に対する感覚を定量化したものが温度である．温度は気温，体温など身近な物理量の1つであるが，物理の対象としては高温，低温のいろいろな場合がある．ここでは温度に関する基本的な事項について学んでいく．

本章の内容
1.1　温度の定義
1.2　高温と低温
1.3　熱　平　衡
1.4　各種の温度計

第1章 温　　度

1.1 温度の定義

セ氏温度　　寒暖の度合いを定量的に表すものを**温度**という．よく使われる単位はセルシウス度あるいはセ氏温度で，1気圧の下，氷の溶ける温度を0，水が沸騰する温度を100と決め，この間を100等分して1度とする．この温度を記号的に°Cで表す．さらに，この目盛りを0°C以下および100°C以上におし広げて使用する．通常の温度計は°C目盛りで表され，体温，気温を測る場合にはこの目盛りが使われる．例えば，旭川，東京，那覇における月毎の平均気温を（図 1.1）に示す．この図から夏は暑く，冬は寒いこと，緯度が高くなるにつれ平均気温が下がることなどがわかる．

> セルシウス (1701～1744) はスウェーデンの物理学者で 1742 年にセ氏温度を導入した．

カ氏温度　　氷の溶ける温度を$32°F$，水の沸騰する温度を$212°F$とし，その間を180等分し1度と決めた温度をカ氏温度といい，°Fの記号が使われる．セ氏温度とカ氏温度との間には

$$（カ氏温度）= \frac{9}{5}（セ氏温度）+ 32 \qquad (1.1)$$

という関係が成り立つ．

> カ氏温度はドイツの物理学者ファーレンハイト (1686～1736) により 1724 年導入された．

> ファーレンハイトは中国語表記で華倫海と書き，これを日本流に華氏と表し，それが片仮名表記でカ氏となった．

絶対温度　　温度を表すのに物理では絶対温度を使う．温度は高い方に制限がなく，いくらでも高い温度を考えることができる．しかし，低い方には制限があり，それ以下の温度は実現不可能という下限が存在する．この温度は$-273°C$（正確には$-273.15°C$）で，これを**絶対零度**という．$t°C$のtに273.15を加えたものが絶対温度で通常これをTの記号で表す．すなわち

$$T = t + 273.15 \qquad (1.2)$$

である．絶対温度の単位は**ケルビン**(K)で，例えば$27°C$はほぼ300 Kとなる．温度差を表すとき，°CのかわりにKの記号を用いる．

> ケルビン (1824～1907) はイギリスの物理学者である．

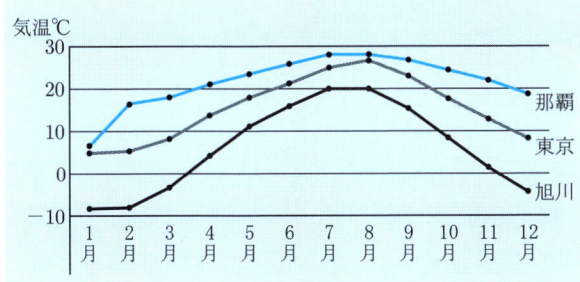

図 1.1 旭川，東京，那覇における平均気温

例題 1 25 °C を力氏温度で表すと何 °F となるか．

解 (1.1) の（セ氏温度）に 25 を代入し

$$（カ氏温度）= \left(\frac{9}{5} \times 25 + 32\right) °F = 77 °F$$

と計算される．

アメリカなどの国では，気温や体温を表すのに力氏温度を使用している．

例題 2 25 °C は絶対温度では何 K となるか．

解 (1.2) により

$$T = (25 + 273.15) \, K = 298.15 \, K$$

である．すなわち，ほぼ 298 K に等しい．

参考 **温度の定点** 液体が固体になる温度を**凝固点**といい，気体，液体，固体が共存する温度を**三重点**という．物質の凝固点は一定圧力の下で決まった温度を示し，また三重点は一種の物質定数で，これらは温度の定点となり得る．国際実用温度目盛りの基準として採用されている代表的な定点を表 1.1 に示す．

表 1.1 温度の定点

平衡水素の三重点	13.8033 K	−259.3467 °C
酸素の三重点	54.3584	−218.7916
水の三重点	273.16	0.01
ガリウムの凝固点	302.9146	29.7646
すずの凝固点	505.078	231.928
金の凝固点	1337.33	1064.18

凝固点や三重点については後の章でも論じる．また，左表の凝固点は標準気圧 (1 気圧) における値である．

1.2 高温と低温

　気温は大ざっぱにいって $-20\,°\mathrm{C} \sim 40\,°\mathrm{C}$ の温度領域を占めるが，物理の対象は高温，低温などいろいろな場合がある．それらの例を紹介しよう．

◉ **高温の例**

太陽，星の温度　　太陽の表面温度は約 6000 K であり，その中心温度は 1500 万 K の超高温であると推定されている．また，日食のときみられる太陽コロナ（図 1.2）は 100 万 K ほどである．恒星は自ら輝く星であるが，その色は星の表面温度で決まる．赤 → 黄 → 青の順に，ほぼ虹の色の並び方につれ温度は高くなる．例えば，さそり座の赤い星アンタレス（図 1.3）の表面温度は約 3000 K，大犬座の青白く輝くシリウスでは 1 万 K の程度である．

炎の温度　　家庭で使われる都市ガス，プロパンガスなどの気体が燃えると炎ができる．ガスレンジの炎の一例を図 1.4 に示す．この炎の温度は 1000 K〜2000 K 程度の高温である．炎の温度は，その部分によって違う．空気を十分与えて燃やしたとき，外炎の少し上の部分がもっとも高温となる．

電気炉　　家庭で使われる電熱器のニクロム線に電流を流しておくと 1000 K くらいになる．さらに高温を得るためには，アーク放電を利用する．すなわち，2 本の炭素棒を密着させ電流を流しておき，静かに炭素棒を離していくと，炭素棒の間で放電が起こり，高い温度と強い光が発生する．これを**アーク放電**といい，約 4000 K 以上の高温が得られる．電気炉はこのような原理を応用した炉で，現在，金属工業および化学工業の方面で広く使われている．なお，アーク放電を利用した電灯はアーク灯と呼ばれ，我が国で初めて 1878 年に灯った電灯はアーク灯であった．

北斗七星の柄を延長したところにみえるアークトゥルスはだいだい色で表面温度は 4000 K の程度である．

1.2 高温と低温

図 1.2　太陽コロナ

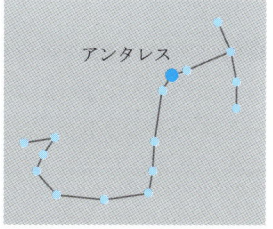

図 1.3　さそり座とアンタレス

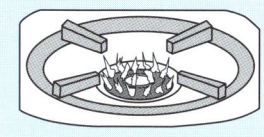

図 1.4　ガスレンジの炎

[参考]　**高温プラズマ**　ヘリウムやネオンなどの希ガスの流れをアーク放電の中へふきこむと，気体分子は原子核と電子とに分離して，それぞれの粒子は自由に運動するようになる．このような正負の荷電粒子の集団を**プラズマ**という．アーク放電の場合，ガスはプラズマになるが，その温度は約1万5000Kの高温になる．

未来のエネルギー源として注目されている核融合反応では，1億K以上の高温プラズマを発生させることが必要とされ，現在さまざまな研究が行われている．

═══ 食生活と温度 ═══

温度はわれわれの食生活と密接に関係している．早い話，生の米をそのまま食べるわけにはいかず，適当な調理が必要である．「始めトロトロ中パッパ」といわれた炊飯の温度調整も最近では炊飯器内蔵のコンピュータがやってくれる時代となった．100°C近くの温度でぐらぐら煮え立つ鍋焼きうどんは冬の料理の醍醐味といえるだろう．野菜，鶏卵，刺し身などは生のまま食するが，大抵の場合，食べ物は何らの意味で火を通している．水を使う限り最高の温度は100°Cであるが，油を使うともっと高い温度で料理が可能となる．テンプラでは160°C～180°Cで調理するのが最適とされている．温度は家庭の物理学で欠かせない物理量といえる．

◎ 低温の例

寒剤 氷に食塩や塩化カルシウムなどを加えると，0°C以下が実現し -20°C から -50°C 程度の低温が得られる．このような低温を実現させるための物質を寒剤という．二酸化炭素を数十気圧の高い圧力でボンベにつめて液化させ，これを急に空気中に吹き出させると，液体から気体になる際温度が下がり，雪のような白い粉ができる．これは二酸化炭素の固体で，いわゆるドライアイスである．ドライアイスは約 -80°C の低温になっていて寒剤として利用される．

電気冷蔵庫 液体を気体にするためには液体にある量の熱を加える必要がある．この熱を**気化熱**という．アンモニアの気体を圧縮して液体にし，これを急に圧力の低いところへ吹き出させると液体は気体に変わる．このとき液体は気化熱を奪うのでまわりの温度が下がる．このような方法で，-10°C 程度の低温が実現する．電気冷蔵庫はこの原理を利用している．なお，上で述べたように，二酸化炭素を吹き出させたとき温度が下がるのも，いまの場合と同じで液体が気体になるとき気化熱を周囲から奪うためである．

　アンモニアのように低温を実現する物質を**冷媒**という．電気冷蔵庫の冷媒としてフロンが利用されたが，成層圏のオゾン層を破壊することがわかり，1995年以降フロンは生産中止となった．現在は冷媒として代替フロンが使われている．

液体空気 熱の出入りがないようにして気体を急に膨張させると，その気体の温度が下がる．これを**断熱膨張**という．断熱膨張を何回も繰り返すと，気体の温度はどんどん下がっていき，ついには気体は液体となる．例えば，液体空気はこのような方法で作られる．液体空気は液体窒素（77.3 K），液体酸素（90.2 K）の混合物である．

熱あるいは気化熱について第2章で述べる．

括弧内の温度はそれぞれの物質の沸点を表す．

参考　極低温物理学　1908 年，オランダの物理学者カマリング・オネスはヘリウムの液化に成功し，4 K くらいの極低温を実現させた．液体ヘリウムを急に気化させると，約 1 K の極低温が得られる．さらに，液体ヘリウム中に適当な物質を入れ，それを磁場で磁化させてから急に磁場を取り去ると，10^{-5} K 程度の極低温が実現する．この方法を**断熱消磁**という．極低温における物質の性質を研究する物理学の分野を極低温物理学という．

> 断熱消磁には適当な常磁性体が利用されている．

補足　超流動と超伝導　極低温の世界では，不思議な現象がいくつか発見された．例えば，2.2 K 以下の液体ヘリウムは He II と呼ばれるが，この液体は常識では理解できないような現象を示す．すなわち，通常の液体が通れないような極めて細い管を He II は楽々通過してしまう．また He II を容器に入れておくと，液体が壁を這い昇り容器の外に流れ出てしまう（図 **1.5**）．このような特異な現象を超流動という．超流動は量子力学的な原因によって起こるものと考えられている．

　ある種の金属（水銀，鉛，スズなど）を冷やすと数度 K という極低温でその電気抵抗が突然 0 になる現象が観測される．これを超伝導という．それに対し通常の電気伝導を常伝導という．カマリング・オネスは極低温における物質の性質を研究しているうちに，1911 年，水銀の電気抵抗が 4.2 K 以下で完全に 0 になってしまうことに気づき，超伝導を発見した．超伝導状態のコイルには電流が永久に流れるので，永久磁石が実現する．このような磁石は**超伝導磁石**と呼ばれ，実用に供されている．図 **1.6** に超伝導磁石の原理を示す．

> 常伝導から超伝導へ変わるような温度を**転移温度**という．

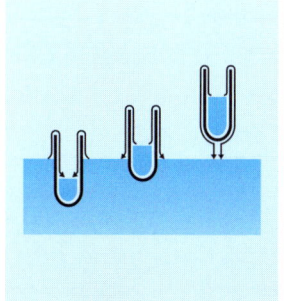

図 **1.5**　液体 He II の超流動

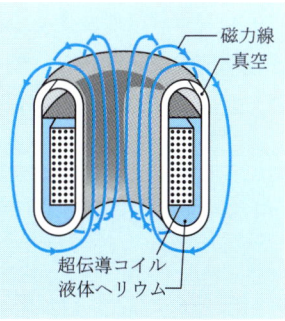

図 **1.6**　超伝導磁石の原理

1.3 熱平衡

温度変化と熱の移動 やかんの中の熱い湯をさますためには，やかんを洗面器中の冷たい水にひたしておけばよい（図 1.7）．このとき湯の温度が下がるとともに，まわりの水の温度が上がる．これはやかんの湯の熱がまわりの水に移り，このためやかんの湯は冷え，まわりの水が暖まる，と考えられる．一般に，高温物体と低温物体とを接触させておくと，前者から後者へ熱が移動する．そうして高温物体の温度は下がり低温物体の温度は上がる．このような熱の移動を**熱伝導**という．

熱平衡 図 1.7 のようにやかんを水にひたしておくと，湯から水へ熱が移動するが，しばらくたつと，湯の温度と水の温度が同じになり，熱の移動が止む．このように 2 つの物体があって，それらの温度が同じであり，2 つの物体の間に熱の移動がないとき，この 2 つの物体は熱平衡の状態にあるという．違う温度の物体を接触させたとき，両者が熱平衡に達するには若干の時間が必要である．図 1.8 は図 1.7 のような場合に洗面器中の水温の時間変化を表す実例である．最初 11°C であった水温が時間の経過とともに増大し，6 分程度経過すると一定値 30°C に落ち着き熱平衡に達する様子が示されている．

図 **1.8** は冬の寒い日の実験データで夏の場合には水温は高くなるはずである．

三物体間の熱平衡則 物体 A が物体 B と熱平衡にあり，また，物体 A が物体 C と熱平衡にあるとする．このとき，物体 B は物体 C と熱平衡状態にある．このことを三物体間の熱平衡則あるいは熱力学第 0 法則という．

A と B，A と C とが熱平衡にあれば A の温度と B の温度，A の温度と C の温度とは等しい．したがって，B の温度と C の温度とは等しく，物体 B と物体 C とは熱平衡状態になる．A を温度計と思えば，この法則は温度計の存在を保証している．

1.3 熱平衡

図 1.7 洗面器中の水にひたしたやかん

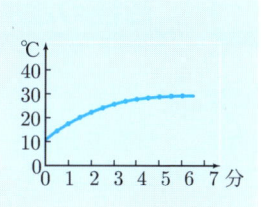

図 1.8 水温の時間変化

[補足] **力学における平衡と熱平衡** 力学の場合には，物体にいくつかの力が働き結果として物体が静止しているとき，その物体は平衡状態にあるという．熱の場合でも同じことで，いわば熱が静止していれば熱平衡状態が実現していると考えてよい．

[参考] **三物体間の熱平衡則と温度** 三物体間の熱平衡則は当然のことを述べているように思えるが，実はそうではない．この法則は温度の存在の数学的な証明に役立つのである．ただし，これを説明するには偏微分方程式の知識が必要なので詳細には立ち入らず話の概略を述べておく．

一様な物体の状態は，2 つの物理量（状態量）で記述される．状態量として圧力 p，体積 V を考え，物体 A の量を表すのに A という添字をつけることにする．A と B とが熱平衡にあると p_A, V_A, p_B, V_B は独立ではなく，経験的にこれらの間にある種の関数関係の成り立つことがわかる．すなわち

$$\varphi_1(p_A, V_A, p_B, V_B) = 0 \quad ①$$

となり，同様に

$$\varphi_2(p_A, V_A, p_C, V_C) = 0 \quad ②$$

と表される．B と C が熱平衡ということから

$$\varphi_3(p_B, V_B, p_C, V_C) = 0 \quad ③$$

が得られる．三物体間の熱平衡則は ①，② が成立すれば，③ が導かれることを意味し，これから数学的に

$$f_1(p_A, V_A) = f_2(p_B, V_B) = f_3(p_C, V_C) \quad ④$$

の関係が証明され，この共通の関数が温度である．

状態量については 2.3 節で論じる．

数学の厳密な話に興味のある読者は例えば坂井卓三著「熱学の理論」誠文堂新光社（1947）を参照せよ．

1.4 各種の温度計

液体温度計　家庭で使用される普通の温度計は液体の規則正しい熱膨張を用いたもので，棒状温度計とも呼ばれる．下部に水銀あるいはアルコールを入れておく管球があり，その上は毛管になっている．水銀を利用した温度計を**水銀温度計**，アルコールを利用したものを**アルコール温度計**という．アルコール温度計の一例を図 1.9 に示す．目盛りを読みやすくするため，液体を赤く着色している．水銀温度計，アルコール温度計の適用範囲はそれぞれほぼ $-30\,°C \sim 300\,°C$，$-100\,°C \sim 80\,°C$ である．

> 水銀は $-38.9\,°C$ で固体になってしまうので，水銀温度計はこれ以下の温度では使えない．

体温計　体温計は基本的に液体温度計であるが，最近では温度が数字で表示されるデジタル式の体温計が使われている．この体温計では最初の温度の上昇具合から熱平衡の温度をコンピュータで予測するので 1 分程度の短時間で体温が測定できる．

バイメタル温度計　熱膨張の仕方が違う 2 種の金属の薄い板をはりあわせたものは，温度によって曲がり方が変わる．これをバイメタルという．バイメタルを利用すると温度を測定することができる．

抵抗温度計　金属の電気抵抗は温度が下がると小さくなる．したがって，逆に電気抵抗を測定することによって温度を知ることができる．このような原理を利用した温度計は抵抗温度計と呼ばれ，白金がよく使われる．

光高温計　物体からは，熱放射という現象によって，電磁波が放出されている．物体の温度が約 $700\,°C$ 以上になると，可視光が放出されるようになる．高温物体が出す光の性質を調べると，その物体の温度を測定することができる．最近では物体の出す赤外線を感知し測定場所をレーザマーカで指定するような赤外線放射温度計（温度 $-20\,°C \sim 315\,°C$）も実用化されている（図 1.10）．

1.4 各種の温度計

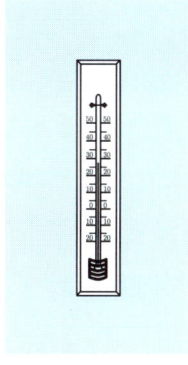

図 1.9 アルコール温度計

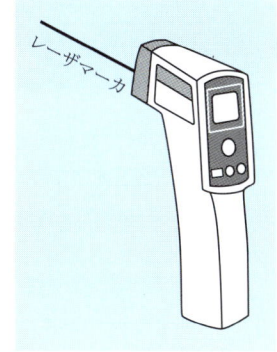

図 1.10 赤外線放射温度計

[補足] サーモグラフィー　熱放射の場合，その波長分布は物体の温度によって違ってくる．これを利用すると，熱放射の波長から物体の温度を測り，物体の温度分布を色によって表示することができる．このような方法をサーモグラフィーという．サーモグラフィーを利用すると，体の各部分の温度を色で表すことができるので，これは医療などに使われている．

[参考] 熱電対　図 1.11 に示すように，異なった種類の金属線 A, B を接続して 1 つの回路を作って 2 つの接点を T_1, T_2 の温度に保つとき，T_1, T_2 の値が違うと回路中に起電力が発生し電流が流れる．このような金属線のペアを熱電対という．T_1 を一定にしておけば，起電力の測定から T_2 を知ることができる．

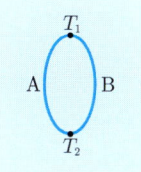

図 1.11 熱電対

=== 熱電対の思わぬ効用 ===

家庭から出るいわゆる燃えるごみは，ごみ回収車で集められ焼却炉で燃やされている．この熱を利用し発電を行う場合もある．炉の温度があまり高くなると炉が壊れてしまうので，炉の温度が大体 900 °C になるよう管理されている．炉の温度を測定するのに熱電対が利用され，炉の温度が高くなり過ぎると水が放出され炉を冷やすような工夫がなされている．熱電対は案外身近な生活と関係している．

演習問題 第1章

1 セ氏温度 20 °C はカ氏温度で表すと何 °F となるか.

2 50 年程前著者がアメリカに滞在していたとき，体験した最低気温はカ氏温度で 8 °F であった．これはセ氏温度では何 °C となるか.

3 カ氏温度の零度すなわち 0 °F は絶対温度で表すとどうなるか.

4 夏の暑い日，涼しくなるために現代人はエアコンのある部屋に入り外部より低い温度を保とうとする．エアコンなどがないとき人あるいは動物は次のような方法で涼しくなろうとした．以下の (a)～(c) で熱をどのように奪ったかについて論じよ.
　　(a) 庭に打ち水をして涼しくなろうとした.
　　(b) 扇子あるいは団扇で体を扇いだ.
　　(c) 犬はハーハーいって激しく息を吐いた.

5 超伝導を示す物体（超伝導体）の内部には磁力線が侵入しないという性質がある．この性質を完全反磁性とかマイスナー効果という．この効果のため超伝導体の上に磁石をおくとその磁石は空中に浮くようになり，この現象を浮き磁石という．超伝導体の表面が平面であるとしてこのような現象が起こる理由を説明せよ.

6 通常の温度で超伝導になるような物質が発見されたとし，この物質で導線を作ったとする．家庭でこのような導線を使うとき予想されるメリットあるいはデメリットについて論じよ.

7 三物体間の熱平衡則において物体 A, B, C はそれぞれ 1 モルの理想気体であると想定する．理想気体については後の章で詳しく論じるが，さしあたりこの場合①の関係は

$$p_A V_A = p_B V_B$$

と書けるとしてよい．④の関係はどのように表されるか.

8 図 1.10 で示した赤外線放射温度計では物体と触れることなく温度の測定が可能である．実用的な面でこの性質はどんな利点があるかについて考察せよ.

第2章

熱現象

　物体の温度を変化させる原因になるものを熱という．また，熱を数量的に表すものが熱量でその伝統的な単位はカロリーである．物体に熱が加わるとその温度が上がるが，それに伴い，物体の大きさが変化したり，液体から気体へといった状態変化が起こる．また，熱が移動するには，熱伝導，対流，熱放射の三種がある．本章では熱と関連のある現象を論じる．

本章の内容
2.1 熱と熱量
2.2 熱容量と比熱
2.3 熱の働き
2.4 熱の移動

2.1 熱と熱量

熱の定義　図 1.7 のように高温物体と低温物体とを接触させると，高温部から低温部へ熱が移動する．一般に，物体の温度を変える原因になるものを熱という．

熱量　図 2.1 のように，ガスバーナーで水を加熱するとき，十分時間をかけ熱を加えれば加えるほど水の温度が高くなる．すなわち，熱には「熱の量」といったものが考えられる．熱の量を熱量という．

　熱量の伝統的な単位は**カロリー**（cal）で，1 cal とは水 1 g の温度を 1 K だけ上げるのに必要な熱量である．後で学ぶように，熱量は力学的な仕事と等価である．このため，熱量を仕事の単位である**ジュール**（J）で表すこともできる．一般に水を加熱したとき，ある温度に上昇させるため必要な熱量はその水の質量と温度差の積に比例する．

潜熱　図 2.1 のビーカーに水のかわりに一定量の 0 °C の氷を入れ，これをバーナーで熱したとする．ただし，バーナーは一定の割合で熱を提供するものとする．氷は溶けて水になるが，全部が水になるまで温度は 0 °C のまま図 2.2 の A と B の間では氷と水が共存する．この場合，氷に加わる熱は温度を上げるのではなく氷という固体状態が水という液体状態に変わるために使われる．このような熱を**融解熱**といい，その値は氷では 1 g あたり 80 cal である．図の B と C との間で熱は水の温度を上げるのに使われる．C で水の**蒸発**（気化）が始まると全部が水蒸気（気体）になる D まで水と水蒸気が共存し，温度は 100 °C に保たれる．C と D との間に加えられた熱量は液体状態を気体状態に変えるのに使われる．この熱量を**気化熱**といい，その値は水 1 g あたり 539 cal である．また，以上のような状態変化に伴う熱を潜熱という．

日常的に 40 度の熱があるといったりする．このような表現は物理の立場では正しくなく，40 度の温度というべきである．

正確には，水 1 g の温度を 14.5 °C から 15.5 °C まで 1 K だけ上昇させるのに必要な熱量が 1 カロリーである．食物の熱量をカロリーで表すとき大カロリー（=kcal=10^3cal）を使う．

図 2.1　水の加熱

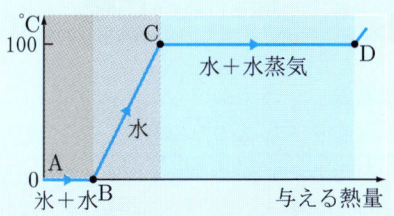

図 2.2　水の状態の変化

> **参考)**　**潜熱の数値**　ある一定圧力のもと固体が液体になる現象を**融解**，その温度を**融点**といい，このとき加える熱量が融解熱である．逆に液体が固体になる現象を**凝固**，その温度を**凝固点**という．凝固の際，融解熱と同じ熱量が放出される．同様に一定圧力下で液体が気体になる現象を蒸発（気化），その温度を**沸点**，加える熱量を気化熱という．逆の変化を**凝縮**というが，凝縮の際，気化熱と同量の熱量が放出される．融解熱，気化熱などの潜熱は物質により違うが，いくつかの物質について1気圧のもとでの数値を表 2.1 に示す．

氷の融点を**氷点**という場合がある．

表 2.1　物質の融解熱と気化熱

物質	融解熱 (cal/g)	融点 (°C)	気化熱 (cal/g)	沸点 (°C)
アンモニア	84	−77.7	326.4	−33.5
水銀	2.7	−38.9	70.6	356.7
二酸化炭素	43.2	−56.6	132.4	−78.5
ナフタレン	33.7	80.5	78.7	217.9
水	79.7	0	539.8	100

例題 1　図 2.2 で 10 g の氷を使ったとき，B から C にいたるまでに 5 分かかった．A から B，C から D にいたるまでの時間はそれぞれ何分か．

解　B から C までバーナーの提供した熱量は 1000 cal で毎分あたり 200 cal となる．バーナーは一定の割合で熱を出すとしたので，A → B の所用時間は 800/200 分 = 4 分，C → D では 5390/200 分 = 26.95 分となる．

2.2 熱容量と比熱

熱容量　ある物体の温度を 1 K だけ上げるのに必要な熱量をその物体の熱容量という．熱容量は物体の質量に比例する．例えば，物体 200 g の熱容量は同じ物体 100 g の 2 倍である．熱容量の単位は cal/K で表される．

比熱　1 g の物質の熱容量をその物質の比熱という．すなわち，ある物質 1 g の温度を 1 K だけ上げるのに必要な熱量がその物質の比熱である．比熱は物質の種類によって決まる定数で，密度とか電気抵抗率などと同様に，物質の性質を記述する重要な物理量である．比熱は一般に温度により異なるが，ここでは比熱の温度依存性はないと仮定し，それを c cal/g・K とする．その結果，質量 m g の物体の温度を t K だけ上げるのに必要な熱量 Q cal は

$$Q = mct \tag{2.1}$$

で与えられる．同じ物体の温度が t K だけ下がるとき，失われる熱量 Q も (2.1) のように書ける．

比熱の単位が J/g・K であれば (2.1) の Q は J で表される．

いろいろな物質の比熱　固体，液体，気体状態におけるいくつかの物質の比熱を表 2.2 に示す．固体，液体における物質の比熱を調べると水の比熱はもっとも大きいことがわかる．気体の中には，水素のように 1 cal/g・K より大きな比熱をもつものもあるが，大部分はこれより小さい．

　水の比熱が大きな値をもつ点は，気象の面で重要な意味をもつ．比熱が大きいという性質はあたたまりにくく，さめにくいということである．このため海岸地方のように水に恵まれているところでは，気候は温暖で 1 日の間の気温変化も比較的少ない．これに反して，砂漠地方などでは，岩石や砂の比熱が小さいため，日中は大変暑いが夜間は冷え，寒暖の差が激しくなる．

2.2 熱容量と比熱

表 2.2 いろいろな物質の比熱

	物質	温度 (K)	比熱 (cal/g·K)
固体	金	293	0.030
	鉄	293	0.153
	銅	273	0.091
	鉛	273	0.030
	ガラス	室温	0.12 ～ 0.19
	コンクリート	室温	約 0.20
液体	エチルアルコール	273	0.547
	ひまし油	293	0.51
	水	273	1.0075
気体	空気	293	0.240
	酸素	289	0.220
	水素	273	3.390

例題 2 5g の銅の温度が 3 K だけ下がった．失われた熱量は何 cal か．

解 (2.1) と表 2.2 中の銅の比熱の数値により失われた熱量は

$$Q = 5 \times 0.091 \times 3 \,\mathrm{cal} = 1.37 \,\mathrm{cal}$$

と計算される．

気体の比熱は一定体積の場合と一定圧力の場合とで値が違う．表 2.2 中の数値は一定圧力下での比熱（定圧比熱）である．

参考 **熱量保存則** 外部との間に熱の出入りがないようにして，高温物体と低温物体とを互いに接触させたり，または混合させたりするとき

（高温物体の失った熱量）＝（低温物体の受けとった熱量）

の関係が成り立つ．これを熱量保存則という．

補足 **比熱の測定** 質量 m g，温度 t K の水の中に，質量 M g，温度 T K の物体を入れ放置しておくと，しばらくして両者は熱平衡の状態に達する．このときの温度を T' とする．$t < T' < T$ とし，外部との間に熱の出入りがないとすれば物体の失った熱量は $Mc(T-T')$，また水の受けとった熱量は $m(T'-t)$ である．熱量保存則により $Mc(T-T') = m(T'-t)$ が成り立ち，c は次のように表される．

$$c = \frac{m(T'-t)}{M(T-T')} \,\mathrm{cal/g \cdot K} \qquad ①$$

① の関係を利用して比熱が測定される．演習問題 3 で実例を示す．

2.3 熱の働き

> 比熱は必ず正の量である．これは統計力学で証明されている．

物体に熱が加わると，その物体の温度は上昇する．それとともに物体の大きさに変化が起こり，通常は物体の体積が増加し，**熱膨張**の現象が生じる．場合によっては，熱を加えると体積が減少することもある．また，熱を加えると液体から気体へといった状態変化が起こる．本節ではこのような熱の働きについて学ぶ．

固体の熱膨張　　固体に熱を加えると熱膨張が起こるが，長さの熱膨張を**線膨張**，体積の熱膨張を**体膨張**という．場合によっては面積膨張を考えることもある．

線膨張率　　棒状の固体を熱するとその長さが伸びるが，棒の伸びは棒の種類によって違う．この違いを表すのに線膨張率（線膨張係数）を用いる．$t\,°\mathrm{C}$ のとき長さ l の棒を熱して $t'\,°\mathrm{C}$ にしたとき，線膨張のため棒の長さは l' になったとする．この場合，長さの増加分 $l'-l$ は，l と温度差 $t'-t$ との積に比例する．この比例定数を α とすれば

> 温度，長さの増加分を Δt, Δl とすれば (2.2) は $\Delta l/l = \alpha \Delta t$ となる．温度が 1 K 上がったとき，長さの伸びの割合が α に等しい．

$$l' - l = \alpha l(t' - t) \qquad (2.2)$$

と書ける．この α を線膨張率という．

液体の膨張　　液体は一定の形をもたないので，液体の場合には，体膨張しか考えられない．この場合の体膨張率 β は (2.2) の l を体系の体積 V で置き換えた

$$V' - V = \beta V(t' - t) \qquad (2.3)$$

と定義される．すなわち，液体の温度を 1 K だけ上げたときに，体系の体積の増加率が，その液体の体膨張率に等しい．あるいは (2.3) は $\Delta V/V = \beta \Delta t$ と書ける．

水の熱膨張　　普通，液体の温度を上げるとその体積は膨張する．しかし，水は特別な物質で図 2.3 に示すように，$0\,°\mathrm{C}$ から $4\,°\mathrm{C}$ までは温度を上げると体積は小さくなる．$4\,°\mathrm{C}$ 以上は通常の液体のように振る舞う．

2.3 熱の働き

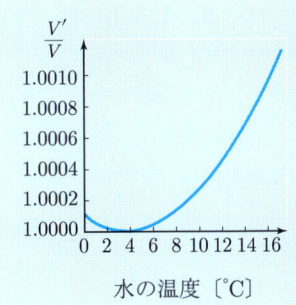

一定量の水の $4\,°\text{C}$ における体積を V, 温度 $t\,°\text{C}$ での体積を V' としたとき V'/V を温度の関数として表してある.

水の温度 [°C]

図 2.3 水の熱膨張

例題 3 長さ $10\,\text{m}$ の鉄でできた棒の温度を $40\,\text{K}$ だけ上げたとき, 長さの伸びはいくらか. ただし, 鉄の線膨張率は $\alpha = 1.2 \times 10^{-5}\,\text{K}^{-1}$ である.

解 長さの伸び Δl は次のように計算される.

$$\Delta l = 1.2 \times 10^{-5} \times 10 \times 40\,\text{m} = 4.8 \times 10^{-3}\,\text{m} = 4.8\,\text{mm}$$

補足 レールの継ぎ目 冬と夏の温度差は上の例題のように $40\,\text{K}$ 程度であるから, 鉄道のレールでは数 mm ほどの長さの変化が起こる. そのため, レールの継ぎ目には適当な間隔をあけておく.

参考 線膨張率の小さな物質 時計や精密な測定器具などでは, 熱膨張の影響をなるべく小さくするため, 線膨張率の小さな物質を用いる. 例えば鉄 64%, ニッケル 36% のニッケル鋼鉄の線膨張率は $20\,°\text{C}$ で $\alpha = 0.13 \times 10^{-6}\,\text{K}^{-1}$ と表され, 通常の鉄のほぼ 1/100 となる. この合金は別名インバーと呼ばれている.

> インバーは英語の **invariable** を略したものである.

例題 4 固体の体膨張を考え, 1 辺の長さ l の立方体の体膨張率を求めよ.

解 固体には一定の形があるのでこれを熱すると縦, 横, 高さの各方向に線膨張が起こる. 温度 $t\,°\text{C}$ のとき 1 辺の長さを l とすれば, 温度 $t'\,°\text{C}$ では $l' = l[1 + \alpha(t' - t)]$ となる. t, t' における立方体の体積をそれぞれ V, V' とし ($V = l^3, V' = l'^3$), $\alpha(t' - t)$ は十分小さいとすれば

$$V' = V[1 + 3\alpha(t' - t)]$$

と書け, (2.3) と比べ $\beta = 3\alpha$ となる.

> x が十分小さいと $(1+x)^n \simeq 1 + nx$ が成り立つ. 面積の場合, 膨張率は α の 2 倍となる (演習問題 4).

第2章 熱現象

気体の熱膨張　気体の体膨張率は，気体の種類や温度によらず，ほぼ一定の値をもつ．すなわち，圧力を変えないで気体の温度を 1 K 上げると，体積は 1/273 の割合で熱膨張する．したがって，気体の体膨張率は，その種類によらず，次のように表される．

$$\beta = \frac{1}{273} \text{ K}^{-1} \tag{2.4}$$

> 液体の体膨張率はその種類によって違った値をもつ．

シャルルの法則　一定量の気体が $0\,°\mathrm{C}$ のとき占める体積を V_0 とすれば，一定圧力では $t\,°\mathrm{C}$ における体積は

$$V = V_0 \left(1 + \frac{t}{273}\right) \tag{2.5}$$

と書ける．V と t との関係は図 **2.4** に示すようになる．絶対温度を使い，$T = 273 + t$, $T_0 = 273\,\mathrm{K}$ とすれば

$$V = \frac{V_0}{T_0} T \tag{2.6}$$

> $t = -273\,°\mathrm{C}$ のとき $V = 0$ となる．この温度は気体にとって可能な最低の温度でそれが絶対零度である．

となる．すなわち，一定圧力では，一定量の気体の体積は絶対温度に比例する．これをシャルルの法則という．

状態量と状態の変化　一般に，熱平衡状態にある一様な物体の状態を決めるには 2 つの物理量を指定すればよい．このような物理量の物体の状態を表すので，それを**状態量**という．例えば，状態量として体系の圧力 p とその体積 V を選ぶことができる．

> 熱学の分野では，一様な性質をもつ部分を**相**という．このため，気体，液体，固体を気相，液相，固相と呼ぶ．

　一定量の物体は p, T の値により，気体，液体，固体のいずれかの状態をとる．この 3 つの状態を**物質の三態**という．横軸に T，縦軸に p をとってこの様子を示す図を**状態図**または**相図**という．状態図は物質の種類が違えば異なるが，大略図 **2.5** のように表される．この図で**三重点**とは，気相，液相，固相の 3 つが共存する点を意味する．水の場合，三重点は $T = 273.16\,\mathrm{K}$, $p = 611\,\mathrm{Pa}$ で与えられ，これは温度の定点として利用されている．表 **1.1** に示したように，いくつかの物質の三重点は温度の定点である．

> Pa は右ページでみるように圧力の単位である．

2.3 熱の働き

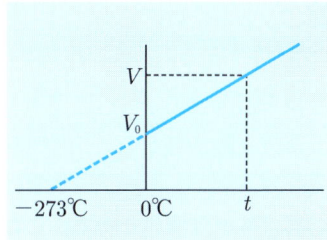

図 2.4 気体の熱膨張

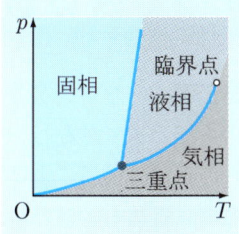

図 2.5 状態図

[参考] **状態図における各種の曲線** 状態図の原点 O は $T = p = 0$ の点を表す．原点 O から三重点に至る曲線は固相と気相の共存を示す曲線でこれを**昇華曲線**という．三重点から臨界点までの曲線は，気相－液相の共存曲線で，この曲線上の p の値がその温度 T における飽和蒸気圧である．逆に，p を与えたとき，この曲線上の T の値は液体が気体に変わる温度，すなわち沸点を与える．三重点から上方に延びている曲線は液相－固相の共存曲線で**融解曲線**とも呼ばれる．p を与えたとき，この曲線上の T は固体が液体に変わる温度(融点)を表す．

固体から気体に変わる現象を**昇華**という．

[補足] **圧力の単位** 図 2.6 のように，一定量の気体をシリンダー中に密閉し，ピストンを F の力で押したとする．ピストンの断面積を S とすれば，単位面積あたりの力は $p = F/S$ となるがこの p を**圧力**という．圧力の単位は**パスカル** (Pa) で，$1\,\mathrm{Pa} = 1\,\mathrm{N/m^2}$ の関係が成り立つ．圧力の単位として**気圧** (atm) がよく使われるが，1 atm をパスカルで表すと

$$1\,\mathrm{atm} = 101325\,\mathrm{Pa} \quad\quad ②$$

となる．現在，大気圧を表す単位として**ヘクトパスカル** (hPa) が使われているが，ヘクトは 100 を意味し

$$1\,\mathrm{hPa} = 100\,\mathrm{Pa}$$

である．したがって，②から

$$1\,\mathrm{atm} = 1013.25\,\mathrm{hPa} \quad\quad ③$$

であることがわかる．大ざっぱにいって，1 atm は 1000 hPa に等しいと考えてよい．

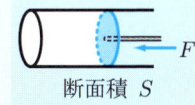

図 2.6 圧力

2.4 熱の移動

熱伝導　熱が高温の部分から低温の部分へ，中間のものを伝わって移動していく現象を熱伝導という．熱伝導の度合いは物質によって異なる．熱をよく伝える物質は熱の**良導体**と呼ばれる．金属は熱の良導体である．これに対し，木材，ゴム，空気，水などは熱を伝えにくい物質である．このような物質を熱の**不良導体**という．

長さ L，断面積 S の棒の一端を高温に保ちその温度を T_1 とする（図 2.7）．また，棒の他端を低温に保ちその温度を T_2 とする．熱は高温部分から低温部分へ移動するが，棒の断面積を S とすれば，単位時間あたりに移動する熱量 Q は

$$Q = kS\frac{T_1 - T_2}{L} \qquad (2.7)$$

と表される．上式の比例定数 k を**熱伝導率**という．

> $0°C$ での銅の k は同温度の空気の k のほぼ 1 万 7 千倍である．これは銅が良導体，空気が熱の不良導体であることを示す．

対流　水の入っている容器の底の部分を加熱すると，その部分の水は熱膨張のため密度が減少し，冷たい水より軽くなって上昇していく（図 2.8）．その結果，まわりから冷たい水が流れ込み，この水が加熱されてまた上昇していく．このように，熱がものを伝わって移動するのではなく，暖まった流体（液体や気体）の流れによって熱の移動する現象を対流という．

> 電気ポットとか風呂の水が沸くのは対流による．

放射　人がストーブで暖まっているとき，人とストーブとの間に板などの障害物をおくと，暖かさが減少する．ストーブは空気の対流によって部屋全体を暖めているが，それと同時に直接ストーブから熱が移動してくる．このように，熱を伝えるものがなくても，直接に高温物体から低温物体へ熱が移動する現象を放射という．また，放射によって運ばれる熱を**放射熱**という．太陽の熱が地球に届くのは熱の放射による．

2.4 熱の移動

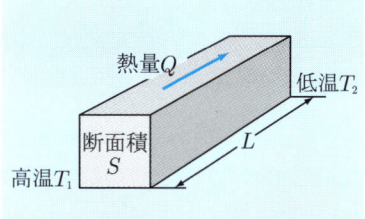

図 2.7　熱伝導率

図 2.8　対流

例題 5　断面積 $5\,\mathrm{mm}^2$, 長さ $2\,\mathrm{m}$ の銅線の両端で $5\,\mathrm{K}$ の温度差があるとき, 熱伝導のため移動する熱量は毎秒あたり何 cal か. また, 3 分間に移動する熱量を求めよ. ただし, 銅の熱伝導率は $91.9\,\mathrm{cal/m\cdot s\cdot K}$ とする.

$1\,\mathrm{mm} = 10^{-3}\,\mathrm{m}$ ∴ $1\,\mathrm{mm}^2 = 10^{-6}\,\mathrm{m}^2$

解　m 単位で表すと (2.7) で $S = 5\times 10^{-6}$, $L = 2$ である. したがって Q は毎秒あたり

$$Q = 9.19 \times 5 \times 10^{-6} \times \frac{5}{2}\,\mathrm{cal/s} = 1.15 \times 10^{-3}\,\mathrm{cal/s}$$

となる. また, 3 分間に移動する熱量は上式を 180 倍し

$$Q = 0.207\,\mathrm{cal}$$

と計算される.

k の単位を $[k]$ と書けば, (2.7) の両辺の単位を考え

$$[k] = \frac{\mathrm{cal}}{\mathrm{m\cdot s\cdot K}}$$

となる.

参考　熱の放射と電磁波　高温の物体は, その温度で決まる性質の熱線を出していて, この熱線にあたると暖かく感じる. 熱線は目に見えない**赤外線**という一種の電磁波である. 通常の温度にある物体からも電磁波が放出されていて, それを感知し色で表示するような方法が 1.4 節で述べたサーモグラフィーである.

赤外線の波長は $1\,\mathrm{mm}\sim 800\,\mathrm{nm}$ である ($1\,\mathrm{nm} = 10^{-9}\,\mathrm{m}$).

===== ビッグバンの名残り =====

　第二次世界大戦後, 可視光線のかわりに電波を利用して天体を観測する電波天文学が発展した. 1960 年代には宇宙のすべての方向から一様に地球に飛来する電波がみつかった. この電波のピークは波長約 $1.1\,\mathrm{mm}$ のところにあり, これは $3\,\mathrm{K}$ の温度に相当する放射であることがわかった. この放射を**宇宙背景放射**という. それは宇宙の開闢と考えられるビッグバンと関連していて, ビッグバンの初期段階に宇宙を満たしていた放射の名残りであるとみなされている.

演習問題 第2章

1 10 g の氷をすべて水蒸気に変えるために必要な熱量は何 cal となるか．次の ① 〜 ④ のうちから正しいものを 1 つ選べ．
   ① 800 cal ② 1000 cal ③ 5390 cal ④ 7190 cal

2 水の比熱はどのように表されるか．また，ポットに 20 °C の水を 1.5 kg 入れ，これを沸騰させるために必要な熱量は何 cal か．

3 右図は熱量計の原理を示したものである．熱量計は断熱壁からできているとし，この中の容器中に水を入れ水中に比熱を測定したい物体を挿入し温度変化を温度計で測定する．熱量計はある質量の水と等価であるとし，これを熱量計の水当量という．次の文章中の ① 〜 ④ を埋めよ．

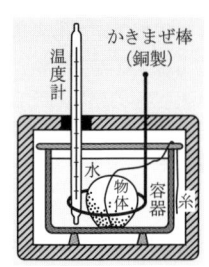

熱量計に水 150 g を入れて，20.0 °C に保ってある．この熱量計に 60.0 °C の湯 100 g を入れたら，34.3 °C になった．さらにひき続き 100 °C に熱せられた 100 g のアルミニウムの球を入れたら，全体の温度は 38.8 °C になった．この熱量計の見かけ上の水当量は①である．また，アルミニウムの比熱を c cal/g·K とすると，アルミニウムの球の失った熱量は②であり，熱量計・水などのもらった熱量は③である．したがって，アルミニウムの比熱は④となる．

4 面積の膨張率は線膨張率のほぼ 2 倍であることを示せ．

5 図 2.2 のように，氷を熱しそれをすべて水蒸気にする状態変化は，状態図ではどのように記述されるか．

6 ガラスのフラスコに氷と水の混合物を入れ，フラスコの内部は 0 °C，外側は 8 °C に保つとする．フラスコの壁の厚さは 3 mm，熱を通す総面積は 500 cm^2 であるとし，以下の設問に答えよ．
   (a) 外部から内部へ移動する熱量は単位時間にどれほどか．
   (b) 内部にある氷は，どれだけの速さで溶けていくか．
ただし，ガラスの熱伝導率は 0.21 cal/m·s·K であり，また氷の融解熱は 80 cal/g である．

第3章

熱と仕事

　熱と力学的な仕事は密接な関係をもっている．熱は仕事に変わるし，その逆の過程もある．熱を仕事に変えるような装置は熱機関と呼ばれる．火の歴史を概観したあと，一定量の熱量は一定量の仕事と等価で，その換算のレートは熱の仕事当量で表されることに注意する．一定量の気体の状態は，圧力 p，体積 V，絶対温度 T で指定されるが，これらは互いに独立ではなく，3つの間にはある種の方程式（状態方程式）が成立する．また，理想気体の状態方程式について触れる．

本章の内容
- 3.1　熱と仕事との関係
- 3.2　火 の 歴 史
- 3.3　熱の仕事当量
- 3.4　状態方程式

3.1 熱と仕事との関係

熱と仕事　物体に熱を加えると，その物体の温度が上がる．場合によっては，熱が力学的な仕事に変わることもある．また，物体を熱するかわりに，その物体を摩擦しても温度が上がり，熱を加えたのと同じ結果となる．これは物体に加えられた力学的な仕事が熱に変換されたためである．逆に，熱を力学的な仕事に変えるような装置を**熱機関**という．

> 蒸気機関，ガソリン機関，ディーゼル機関，ロケットなどの熱機関は現代文明を支える重要な柱である．

熱から仕事への変換　図 3.1 のように，摩擦のないシリンダーの中に一定量の気体を封じこめて，この気体に熱を加えるとする．その結果，気体は熱膨張するので，ピストンは動き外部に対して力学的な仕事をする．シリンダーの断面積を S とし，気体は外圧 p とつり合いながら，ピストンが Δl の距離だけ移動したとする．圧力とは単位面積あたりの力であるから，ピストンに働く力の大きさ F は

$$F = pS$$

と書ける．一方，仕事は力と移動距離の積で定義されるので，気体が熱膨張で外部にした仕事 ΔW は次のように書ける（ΔV は体積の増加分）．

$$\Delta W = F\Delta l = pS\Delta l = p\Delta V \tag{3.1}$$

仕事から熱への変換　摩擦のある平面上で物体を動かすには，摩擦力に逆らって外から物体に力を加える必要がある．物体がある距離だけ動く間に，この力は仕事をする．その結果，物体と平面とが接触している部分の温度が上がり，熱の発生したことがわかる．このような熱を**摩擦熱**という．摩擦熱の発生は外から加えた力学的な仕事が熱に変換されたことを示す．

原始人が木片の摩擦により火を作っていた古代より摩擦熱の発生はよく知られていた．18 世紀の終わり頃から仕事が熱に変わるという考えが発展してきて，熱学の発展に大きく貢献したのである．

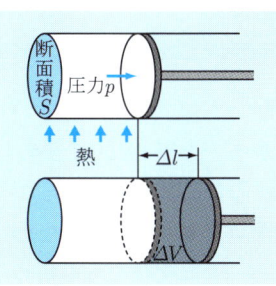

3.1 熱と仕事との関係

図 3.1 熱から仕事への変換

例題 1 1 atm のもと断面積 $5\times 10^{-3}\,\text{m}^2$ のピストンが熱膨張のため 0.05 m 移動するとして，以下の問に答えよ．
(a) 熱膨張の結果，ピストンが外部にした仕事は何 J か．
(b) 横軸に気体の体積 V，縦軸に気体の圧力 p をとる．気体の状態変化は Vp 面上でどのように表されるか．

解 (a) 2.3 節の ② (p.21) により 1 atm $= 1.013\times 10^5$ Pa と書ける．したがって，ΔW は次のように計算される．

$$\Delta W = 1.013\times 10^5 \times 5\times 10^{-3}\times 0.05\,\text{N}\cdot\text{m} = 25.3\,\text{J}$$

(b) 図 3.2 のように表される．

参考 **準静的過程** ピストン（断面積 S）を図 3.3 のように Δl だけ動かすとし，ピストンに働く外圧を $p^{(e)}$ とすれば，ピストンが気体に及ぼす外力は $p^{(e)}S$ である．気体の圧力 p と $p^{(e)}$ とが等しければ，ピストンに働く力はつり合いピストンは動かない．しかし，p が $p^{(e)}$ よりわずかに大きいと気体は膨張することになる．一般に，ほとんど平衡を保ちながら物体の状態が変化するとき，これを準静的過程という．

$p^{(e)}$ が p よりわずかに大きいと気体は圧縮される．

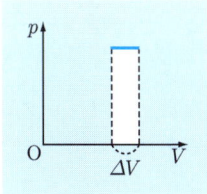

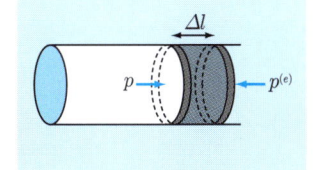

図 3.2 Vp 面上での状態変化　　図 3.3 準静的過程

3.2 火の歴史

　火は私たちにとり有り触れた存在である．太古の昔，山火事の火を手に入れたのが多分人間と火との係わりあいの出発点であろう．火はその後，日常生活にとり入れられた．猛獣から身を守るため，寒さをしのぐため，明かり，調理，陶器の製作など，火は文化をもち始めた人々に多大の恩恵を与えた．

　原始人は木片の摩擦熱を利用して火を作っていた．歴史をもう少し新しくし，例えば平安時代の人々はどうやって火を作っていたのであろうか．1つの方法は火打ち石を利用し火花を発生させたのであろう．また，火薬の発見はマッチの発明へと導いた．現在簡単に入手できるいわゆる百円ライターは火打ち石の進化したものと考えられる．火薬はまた，鉄砲の発明をもたらしたが，現在の武器も多かれ少なかれ火と関係している．

燃焼の研究　物が燃えると火とか熱が発生する．このような燃焼を科学的に理解しようとしてフロギストンという仮想的な物質が導入された．フロギストン説によれば，金属の中にはフロギストンというものが含まれていて，熱した金属が金属灰になるのはフロギストンが金属から逃げ出したためである．いいかえると，金属とは金属灰にフロギストンが添加したものである．

カロリック説　フランスの化学者ラボアジェ（1743～1794）はフロギストン説を発展させ，熱は重さのない流体であり，どんな過程でも増減することはないという説を提唱した．すなわち，ラボアジェは火の物質というものを考え，それをカロリックと呼んだ．カロリックは日本語では熱素と訳されている．フロギストン説は熱の定性的な説明を与えるが，カロリック説は2.2節で述べた熱量保存則をもたらし，熱の定量的な議論を可能にした．

江戸の大火，関東大震災，戦時中の日本本土に対する空襲の結果の火事など，火は人命や財産に多大の被害を与える場合もある．火は便利だがその取り扱いには注意が必要である．

18世紀の初頭，ドイツの化学者シュタール（1660～1734）によりフロギストン説が提唱された．

カロリーとかカロリックという言葉はラテン語の熱を意味するcalorに由来する．

3.2 火の歴史

[補足] **ランフォードの業績** 摩擦熱は，火の発生などにより古来からよく知られていた．摩擦熱の発生が科学的事実として認識されるようになったのは 18 世紀の終わり頃からである．ランフォードは当時，ヨーロッパを渡り歩いていたが，ミュンヘンの兵器工場で大砲の砲身をくりぬく作業を監督しているうちに，砲身も削り屑も高温に熱せられることに注目した．砲身が絶えず熱を発生していけば，ついには砲身中の熱物質がくみつくされてしまい，もはや熱を発生しないときがくるはずである．しかし，実際には作業を続ける限り，熱は限りなく発生し続けることがわかった．このように，無制限に熱が発生するには熱素が無限に存在すると考えざるを得ない．しかし，何かが無限に存在するということは大変おかしな話である．このようにして，ランフォードはカロリック説を決定的に否定し，力学的な仕事が熱に変わるという結論に達した．

[参考] **ジュールの実験** 熱と仕事との関係を求めるため，イギリスの物理学者ジュール（1818～1889）は図 3.4 のような装置を利用した．鉛のおもりが滑車の下にひもで吊り下げられていて，落下する際に測定箱中の羽根車に連結してある軸を回す．おもりの落下距離をものさしで正確に測定すれば，おもりのした力学的な仕事が求まる．おもりが落下するとそれに伴い羽根車が回転し，測定箱中の水がかき回され，水の運動が静かになるにつれて，その温度が上がる．このときの温度上昇と水の質量，器具の熱容量とから，おもりのした仕事と発生した熱量との関係がわかる．

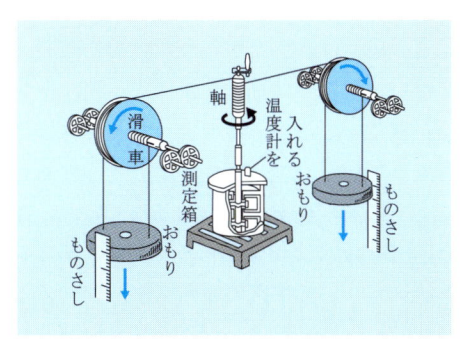

図 **3.4** ジュールの実験装置

ランフォード（1753～1814）はアメリカの物理学者である．

ランフォードが熱の物質説を否定したのは 1798 年のことである．

3.3 熱の仕事当量

熱の仕事当量の定義　熱は仕事に変わるし，逆に仕事は熱に変わる．このため，熱と仕事とはまったく別物ではなく，同じものを違った形でみていると考えられる．したがって，ある一定量の熱量 Q はある一定量の仕事 W に対応し，逆にある W はある Q に相当する．両者の間には比例関係が成り立ち

$$W = JQ \tag{3.2}$$

と書ける．上式中の比例定数 J を**熱の仕事当量**という．

> 熱の仕事当量は，円とドルあるいは円とユーロの間の為替レートのようなものである．

J の数値　熱 ⇄ 仕事の変換に際して，J の値は一定であることが知られていて，J は

$$J = 4.19\,\mathrm{J/cal} \tag{3.3}$$

と表される．より正確には，現在，熱の仕事当量を $J = 4.18605\,\mathrm{J/cal}$ と決めている．(3.2), (3.3) からわかるように，(3.2) で $Q = 1$ とおけば，$1\,\mathrm{cal} = 4.19\,\mathrm{J}$ となる．逆に

$$1\,\mathrm{J} = (1/J)\,\mathrm{cal} = (1/4.19)\,\mathrm{cal} = 0.24\,\mathrm{cal}$$

と書ける．大ざっぱにいって，$1\,\mathrm{cal}$ は $1\,\mathrm{J}$ のほぼ 4 倍である．

> ジュールは図 **3.4** で示したような装置を使い 150 年ほど前にもかかわらず (3.3) とほとんど同じ J を求めていた．

換算の例　ジュールの功績を記念し，現在，仕事，熱量，エネルギーの国際単位はジュールと決められている．しかし，この単位は残念ながら一般社会に徹底しているわけではない．私たちは日常，米，肉，魚，野菜などの食べ物を摂取しているが，このような食べ物は化学エネルギーをもっている．コンビニで購入する食品とか，ランチメニューにエネルギーが表示されていることがあるが，その単位は kcal 単位である．例えば，あるレストランのランチメニューで牛肉のオイスターソースとごぼうのコロッケのカロリー表示は $554\,\mathrm{kcal}$ と記載されているが，$1\,\mathrm{kcal} = 10^3\,\mathrm{cal}$ の関係に注意し，このランチの熱量を J に換算すると，次の仕事に相当することがわかる．

> 食べ物に含まれる化学エネルギーは体内で体温を保持するとか，手足を動かすためのエネルギーに変えられる．

$$W = 4.19 \times 554 \times 10^3\,\mathrm{J} = 2.32 \times 10^6\,\mathrm{J}$$

3.3 熱の仕事当量

例題2 質量 60 kg の人が前述のランチの熱量を，仮にすべて消費したとすればこの人は鉛直上方に何 m 登れるか．

解 質量 m の物体に働く重力の大きさは mg で，この物体を高さ h までもちあげるのに必要な仕事は mgh で与えられる．したがって，人の登る高さ h は次のように計算される．

$$h = \frac{W}{mg} = \frac{2.32 \times 10^6}{60 \times 9.81} \text{ m} = 3.94 \times 10^3 \text{ m} = 3.94 \text{ km}$$

g は重力加速度で $g = 9.81 \text{ N/kg}$ と表される．

==== マンチェスターのジュール ====

ジュールはイギリスの都市マンチェスターで熱と仕事の関係を研究し，1843〜47 年に J の測定に従事した．著者が放送大学の副学長を務めていたころ，1997 年にマンチェスターの科学博物館を訪問し偶然ジュールが実際に使った実験装置が展示されているのに気づいた．このとき撮ったジュールの実験装置の写真は 2,3 の著書で紹介する機会があった．著者がアメリカに滞在中，1960 年，20 畳位の部屋に当時同じ東京工大の助手仲間だった森勉氏と下宿していた．森氏は東京工大を定年退職し，現在は同大学の名誉教授である．彼は定年後シアトルとマンチェスターで金属工学の研究を続けているが，いつかジュールの実験装置の話をしたら博物館は改装中でこの装置は見当たらないとのことであった．2003 年になり，この話が気になったのでちょうどマンチェスターに滞在中の彼に問い合わせたところ，現在ではジュールの実験装置は一般公開から引退したとのことであった．そのかわり，ジュールの実験装置の本物（レプリカでないもの）がロンドンの科学博物館にあるとのことであった．図 3.5 は森氏の好意により，このようにして入手したジュールの実験装置の写真である．

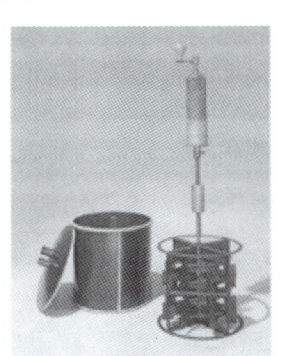

図 3.5 ロンドン科学博物館での展示

左の写真の掲載については Science Museum (London)/Science & Society Picture Library の許諾を得ている．

3.4 状態方程式

一様な物体　一定量の物体があり，その物体は一様と仮定する．このような物体の状態量として圧力 p，体積 V，絶対温度 T を考えよう．実験の結果によると，これら 3 つの量は互いに独立ではなく，その内の 2 つを決めると，残りの 1 つは決まってしまう．すなわち，独立な変数は 2 個である．例えば図 **2.5** の状態図では独立変数として T, p をとっている．また，独立変数として T, V を選ぶと，p はその関数として表される．この関数関係を

$$p = p(T, V) \tag{3.4}$$

と書くことにする．一般に，状態量の間に成立する方程式を**状態方程式**という．

> 簡単のため，絶対温度を単に温度という場合がある．

理想気体　気体は多数の気体分子から構成されるが，一般に気体分子の間にはある種の力が働く．この力を無視した理想的な気体を想定し，それを理想気体と呼ぶ．気体の分子量を M，気体の質量を m とすれば，考える気体のモル数 n は

$$n = \frac{m}{M} \tag{3.5}$$

> 気体分子の間に働く力を**分子間力**という．

で定義される．統計力学によると，n モルの理想気体の状態方程式は次式で与えられる．

$$pV = nRT \tag{3.6}$$

上式で R は気体の種類に無関係な定数で，これを**気体定数**という．その数値は

$$R = 8.31 \,\text{J/mol} \cdot \text{K} \tag{3.7}$$

と計算される（例題 3）．(3.6) で $T =$ 一定 とすれば

$$pV = \text{一定}$$

> cal 単位では $R = 1.98\,\text{cal/mol} \cdot \text{K}$ と書ける．

で，これを**ボイルの法則**という．また，(3.6) から一般に次のボイル・シャルルの法則が成立する．

$$pV \propto T \tag{3.8}$$

3.4 状態方程式

例題 3　すべての気体 1 モルは標準状態（1atm, 0 °C）で 22.4l の体積を占めることが知られている．この事実を利用して気体定数を計算せよ．

解　$1\,\mathrm{atm} = 1.013 \times 10^5\,\mathrm{Pa}$, $0\,°\mathrm{C} = 273\,\mathrm{K}$, $n = 1$, $V = 22.4 \times 10^{-3}\,\mathrm{m}^3$ といった数値を (3.6) に代入すると，R は

$$R = \frac{1.013 \times 10^5 \times 22.4 \times 10^{-3}}{273}\,\mathrm{J/mol \cdot K}$$
$$= 8.31\,\mathrm{J/mol \cdot K}$$

と計算される．

例題 4　1 g の空気は 27 °C, 1.5 atm のときどれだけの体積を占めるか．ただし，空気は窒素と酸素の混合物で，1 モルの空気は 4/5 モルの窒素気体と 1/5 モルの酸素気体から構成されるものとする．

> 酸素気体の分子量は **32 g**，窒素気体の分子量は **28 g** である．

解　1 モルの空気の質量は

$$\left(28 \times \frac{4}{5} + 32 \times \frac{1}{5}\right)\,\mathrm{g} = 28.8\,\mathrm{g}$$

である．このため，1 g の空気のモル数は

$$n = (1/28.8)\,\mathrm{mol} = 3.47 \times 10^{-2}\,\mathrm{mol}$$

と計算される．$27\,°\mathrm{C} = 300\,\mathrm{K}$, $1.5\,\mathrm{atm} = 1.52 \times 10^5\,\mathrm{N/m}^2$ と表されるので，これらの数値を (3.6) に代入すると体積 V は

$$V = \frac{3.47 \times 10^{-2} \times 8.31 \times 300}{1.52 \times 10^5}\,\mathrm{m}^3 = 5.69 \times 10^{-4}\,\mathrm{m}^3$$

と求まる．

> 左の体積は一辺の長さ **8.3 cm** の立方体の体積に等しい．

参考　**熱源**　ある体系に熱が出入りするとその体系の温度は上がったり，下がったりする．しかし，十分大きな体系の場合には熱の出入りがあってもその温度はほとんど変化しないと考えられる．このように，熱の出入りがあってもその温度が変わらないような熱の供給源（あるいは熱の吸収源）を熱源または熱浴という．

補足　**等温変化**　ある一定の温度をもつ熱源と熱平衡を保ちながら体系の状態が変化するとき，体系の温度は一定であるとしてよい．このような状態変化を等温変化あるいは等温過程という．理想気体の等温変化では，(3.6) によりボイルの法則 $pV =$ 一定 が成り立つ．

> **等温**という条件下での膨張，圧縮を**等温膨張**，**等温圧縮**という．

演習問題 第3章

1 図のように一定量の気体の状態を Vp 面上で A→B→C→D→A と一巡するように変化させた．このとき，気体が外部に対して行った仕事は何 J か．また，回り方を逆にし A→D→C→B→A と一巡したとき外部に対して行った仕事はどのように表されるか．

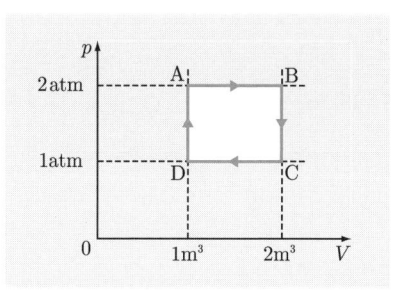

2 カロリック説という立場をとっても熱量保存則が成り立つと考えることができる．その理由を述べよ．

3 質量 60 kg の人が 1.5 m だけ真上にとび上がったとき，この人のする仕事は何 J か．それを熱量に換算すると何 cal になるか．また，それだけの熱量を 50 g の水に加えると，水の温度は何 K 上がるか．

4 時速 30 km で走行している質量 1 トンの 2 台のトラックが衝突し，すべての運動エネルギーが熱に変わったと仮定する．このとき発生する熱量は何 cal となるか．

5 5 g の窒素気体に関する次の問に答えよ．ただし，窒素の原子量を 14 とする．
　(a) この窒素気体のモル数を求めよ．
　(b) 30 °C, 2 atm においてこの気体は何 m^3 の体積を占めるか．

6 次の①，②に適合する数値を求めよ．1 モルの理想気体の体積を変化させないで，0 °C から 100 °C まで加熱すると圧力は①倍になる．次に 100 °C で体積を②倍にすると，圧力は 0 °C のときと同じになる．

第4章

熱力学第一法則

　熱力学の立場では，物体にはエネルギーが蓄えられているとし，これを内部エネルギーという．内部エネルギーの例として食品に含まれる化学エネルギーをとり上げる．考慮中の体系に力学的な仕事と熱量とが同時に加わると，その総計分だけ，内部エネルギーが増加する．この一種のエネルギー保存則を熱力学第一法則という．この法則の応用例として，理想気体の比熱，断熱変化などを考察する．また，熱機関の理想型であるカルノーサイクルについて学ぶ．

本章の内容

4.1　内部エネルギー
4.2　熱力学第一法則
4.3　理想気体の性質
4.4　断 熱 変 化
4.5　カルノーサイクル

第4章 熱力学第一法則

4.1 内部エネルギー

状態変化の原因 熱力学で扱う体系の状態を変化させる原因として次の3つの作用がある．

① **力学的作用** 系を圧縮または膨張させ，体系に仕事を加えたり，あるいは体系に仕事をさせること．

② **熱的作用** 体系に熱を加えたり，逆に体系から熱を奪うこと．

③ **質量的作用** 物質を添加したり，物質をとり去ったりすること．

質量的作用はとくに化学反応などを扱うとき重要であるが，議論が高度になるので，本書では詳しい話には立ち入らず，主として前者の2つの作用について考えていく．

> 物体の微視的な構造に立ち入らず，その熱的な性質を研究する学問分野を**熱力学**という．

分子運動と内部エネルギー 容器に密閉された気体は，微視的な立場からみると莫大な数の分子から構成されている．1モルの気体中に含まれる気体分子の数は，気体の種類とは無関係な一定値をもち，これを**モル分子数**という．その数値 N_A は

$$N_A = 6.022 \times 10^{23} \, \text{mol}^{-1} \tag{4.1}$$

> モル分子数を**アボガドロ数**ともいう．

と表される．これらの分子は容器の内部で縦横無尽に運動しているが，このような運動を分子運動という．分子運動の概念図を図 4.1 に示す．分子運動に伴い，気体はある種のエネルギーをもつと考えられる．一般に，物体の内部に蓄えられているエネルギーを内部エネルギーという．熱力学の立場では，内部エネルギー U は状態量で，体系の体積 V，温度 T の関数である．

> 第6章で分子運動の詳しい話を扱う．

食品の化学エネルギー 食品は水分，タンパク質，炭水化物，脂肪，鉄やナトリウムなどの無機物，各種のビタミンなどから構成される．このうちタンパク質，炭水化物，脂肪は化学エネルギーをもち，これらが生物を熱力学的対象とみなした場合の内部エネルギーとなる．タンパク質，炭水化物は1gあたり約 4 kcal，脂肪は1gあたり約 9 kcal の内部エネルギーをもつ．

4.1 内部エネルギー

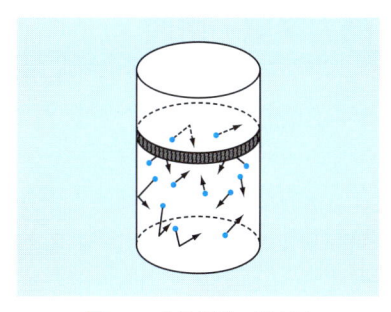

図 4.1 分子運動の概念図

[参考] 気体の分子運動 図 4.1 のような円筒形の容器を考え，容器にぴったり合うような蓋をしたとし，その内部に一定量の気体を封じこめたとする．ただし，蓋と容器との間には摩擦は働かないとする．この気体が巨視的には静止していても，気体を構成する各分子は，微視的には容器内で運動している．このため，気体分子は運動エネルギーをもつ．また，分子間に力が働くと位置エネルギーももち，一般的には，分子の全運動エネルギーと全位置エネルギーとの和が，分子全体の力学的エネルギーである．このように，物体の内部に潜んでいるエネルギーが内部エネルギーである．

気体分子が容器の壁にぶつかり跳ね返される度に，壁にある種の力積を及ぼす．気体の示す圧力はこのような力積に起因する．気体の圧力を p，図 4.1 の蓋の断面積を S とすれば，気体が蓋に及ぼす力は pS に等しい．一方，蓋の質量を M とすれば，蓋に働く重力は Mg で，この 2 つの力はつり合うから $pS = Mg$ が成り立つ．蓋に衝突する分子の状況は時々刻々変化するため，蓋に働く力も変化し蓋はつり合いの位置のまわりで変動する．このような変動をコンピュータシミュレーションで表すこともできる．

[補足] ご飯の内部エネルギー 100 g のご飯のうち，65 g は水分，2.6 g はタンパク質，炭水化物は 31.7 g，0.5 g は脂肪で，その内部エネルギーは $[(2.6+31.7) \times 4 + 0.5 \times 9]\,\text{kcal} = 142\,\text{kcal}$ と計算される．このため，ご飯一杯（質量 190 g）の内部エネルギーはほぼ 270 kcal と表される．体重 60 kg の人がこのエネルギーを摂取し，すべてが体温の上昇に使われたとすれば，体温の上昇は $(270/60)\,\text{K} = 4.5\,\text{K}$ となる．

人体の大部分は水であるから，その熱容量は同質量の水と同じであると考えてよい．

4.2 熱力学第一法則

内部エネルギーの増加分　力学の問題では，運動する物体に仕事が加わると，その分だけ運動エネルギーが増加する．熱は力学的な仕事と等価であるから，仕事 W，熱量 Q が同時に静止している物体に加わると，物体の内部エネルギーは $W+Q$ だけ増加すると考えられる．これを**熱力学第一法則**という．この法則は一般的なエネルギー保存則の一種であるとみなされる．

> エネルギーとして力学的な仕事，熱を考慮したときのエネルギー保存則が熱力学第一法則である．

図 **4.2** のように，物体に外部から仕事 W，熱量 Q が加わり，物体が状態 A から状態 B へ変化したとき

$$U_B - U_A = W + Q \tag{4.2}$$

の関係が成り立つ．ただし，U_A, U_B はそれぞれ状態 A，B における物体の内部エネルギーである．ここで，上式の W, Q は符号をもつ点に注意しなければならない．物体に加わる向きを正としたので，物体が外部に対して仕事をするときには $W < 0$ である．同様に，物体が熱を放出する（物体から熱を奪う）ときには $Q < 0$ となる．例えば $W = -5\,\mathrm{J}, Q = 10\,\mathrm{J}$ のときには，物体が $5\,\mathrm{J}$ の仕事をし，物体には $10\,\mathrm{J}$ の熱量が加わったことになる．

微小変化に対する第一法則　(4.2) で状態 B が状態 A に限りなく近づくと，同式の左辺は U の微分 dU と表される．これに対し，右辺の W や Q は状態量ではないから，これらを微分で書くことはできない．しかし，微小変化では，物体に加えられる仕事や熱量が微小量であることは確かなので，これらを $d'W$, $d'Q$ とすれば，微小変化に対する熱力学第一法則は

$$dU = d'W + d'Q \tag{4.3}$$

と書ける．あるいは，外部から体系に加えられる仕事は $d'W = -pdV$ で与えられるから (4.3) は

$$dU = -pdV + d'Q \tag{4.4}$$

と表される．

> (3.1) は気体が外部に対して行う仕事であるから，外部からの仕事を求めるには符号を逆転すればよい．

4.2 熱力学第一法則

例題 1 ある物体に 3 J の仕事を加え，それと同時に 4 cal の熱量を奪った．この作用による物体の内部エネルギーの変化を求めよ．

解 (4.2) で $W = 3\,{\rm J}$, $Q = -4\,{\rm cal} = -16.76\,{\rm J}$ を代入し，$U_{\rm B} - U_{\rm A} = -13.76\,{\rm J}$ となる．すなわち，物体の内部エネルギーは 13.76 J だけ減少する．

補足 液体，固体に対する $d'W$ $d'W = -pdV$ という関係は気体だけでなく，液体，固体の場合にも成り立つ．これを示すには物体の表面に微小面積 dS をとり，これに働く力の大きさが pdS であることに注意すればよい．

参考 理想気体の内部エネルギー 理想気体の内部エネルギーは体積には無関係で T だけの関数となる．この性質はむしろ理想気体の定義であると考えてもよい．

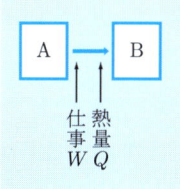

図 4.2 熱力学第一法則

例題 2 単位質量の体系を考えその内部エネルギー，体積をそれぞれ u, v と書く．体積が一定という条件下での比熱（**定積比熱**）を c_v とすれば

$$c_v = \left(\frac{\partial u}{\partial T}\right)_v \quad\quad ①$$

と書けることを示せ．

単位質量のエネルギー，体積，熱量を小文字で表す．

① の記号は v を一定にし T で微分する**偏微分**を意味する．

解 体積を一定とすれば (4.4) で $dv = 0$ となり，同式は $du = d'q$ と書ける．単位質量では $c_v = du/dT$ が得られ，v が一定であることに注意すれば ① が導かれる．

例題 3 理想気体の c_v は温度によらない定数とする．$T = 0$ で $u = 0$ として u を T の関数として求めよ．

解 理想気体の性質により u は v によらないから，① の偏微分は通常の微分としてよい．このため

$$\frac{du}{dT} = c_v \quad\quad ②$$

となる．仮定により c_v は定数であるから，上式を T に関し積分すると $u = c_v T + u_0$ が得られる（u_0 は定数）．$T = 0$ で $u = 0$ とすれば $u_0 = 0$ と書け，u は $u = c_v T$ と表される．

4.3 理想気体の性質

理想気体は物体の熱力学，分子運動，統計力学を扱う際のいわばモデルケースを提供する．そのような立場に立ち，理想気体の熱力学的な性質について以下論じる．

定圧比熱　　等積過程では体積が一定に保たれるため，体系の温度を上げても熱膨張が起こらない．一方，等圧過程では熱膨張が可能で，膨張の際，外部に仕事をする．この仕事分だけよけいに熱を加える必要があり，その結果，定圧比熱は定積比熱より大きくなる．

> 体積（圧力）を一定に保つような状態変化を**等積（等圧）過程**という．

理想気体の定圧比熱を求めるため，単位質量の体系を考え，②から導かれる $du = c_v dT$ に注目する．これを第一法則 (4.4)（p.38）に代入すれば

$$c_v dT = -pdv + d'q \qquad (4.5)$$

となる．ただし，$d'q$ は単位質量の体系が吸収する熱量を意味する．単位質量の場合，理想気体の状態方程式は $pv = RT/M$ と書ける．圧力を一定とすれば，この式から

> 単位質量の場合，(3.5),(3.6)(p.32) で $m=1$ とおく．

$$pdv = \frac{RdT}{M}$$

で，これを (4.5) に代入し次式が得られる．

$$c_v dT = -\frac{RdT}{M} + d'q \qquad (4.6)$$

定圧比熱 c_p は $c_p = d'q/dT$ と表されるから (4.6) より

$$c_p - c_v = \frac{R}{M} \qquad (4.7)$$

が導かれる．これを**マイヤーの関係**という．

モル比熱　　1 モルの物質の熱容量をモル比熱という．**定積モル比熱** C_v，**定圧モル比熱** C_p はそれぞれ $C_v = Mc_v$，$C_p = Mc_p$ で与えられる．よって，(4.7) から

$$C_p - C_v = R \qquad (4.8)$$

が得られる．(4.7) には分子量 M という気体に固有な物理量が含まれるが，(4.8) は気体の種類に依存しない．そのような点で後者はより普遍的な関係である．

4.3 理想気体の性質

参考 比熱比 (4.7) で，M も R も正の量であるから，$c_p > c_v$ であることがわかる．この不等式の物理的な意味については左ページで述べた．ところで，以下の式

$$\gamma = \frac{c_p}{c_v} \qquad ③$$

で定義される γ を比熱比という．上述の結果から $\gamma > 1$ の関係が成り立つ．表 4.1 にいくつかの気体に対する標準状態（1 atm, 0 °C）での定積モル比熱，定圧モル比熱，比熱比を示してある．

表 4.1 気体の定積モル比熱，定圧モル比熱，比熱比

気体	C_v	C_p	γ
He	12.65	20.82	1.65
Ne	12.99	21.29	1.64
Ar	12.57	20.82	1.66
Kr	12.15	20.41	1.68
H_2	20.11	28.79	1.43
O_2	20.91	29.46	1.41
N_2	20.66	29.12	1.41
CO	21.03	29.46	1.40

C_v, C_p の単位は J/mol・K である．

例題 4 表 4.1 の結果を利用し，H_2 の場合に (4.8) の関係が成り立つことを確かめよ．

解 $C_p - C_v = 8.68 \, \text{J/mol·K}$ と計算されるが，(4.8) によればこの値は $R = 8.31 \, \text{J/mol·K}$ になるはずである．その誤差は 4 ％程度で大体理論通りであるといえる．

補足 気体分子の自由度と γ　表 4.1 をみればわかるように，He, Ne などの単原子分子の気体の γ は気体の種類に無関係でほぼ 1.6 程度，一方，H_2, O_2 の二原子分子の場合には γ はほぼ 1.4 程度の値をとる．一般にある体系の運動状態を決めるのに必要な変数の数をその体系の**運動の自由度**といい，通常 f の記号でこれを表す．単原子分子では 1 個の粒子の位置を決めればよいので $f = 3$，二原子分子では原子間の距離は一定で $f = 5$ となる．分子運動論により γ と f の関係が理解できる．

第 6 章で学ぶように，f を決めれば γ も決まる．

4.4 断熱変化

外部と熱の出入りがないような状態を**断熱変化**あるいは**断熱過程**という．断熱変化では (4.4)（p.38）で $d'Q = 0$ とおき，一般に次式が成り立つ．

$$dU = -pdV \qquad (4.9)$$

上の方程式を解けば断熱変化を表す状態変化が求まる．

理想気体の断熱変化　　単位質量の理想気体の場合，(4.5)（p.40）で $d'q = 0$ とおけば (4.9) に相当して

$$c_v dT + pdv = 0 \qquad (4.10)$$

が得られる．単位質量に対する式 $pv = RT/M$ を代入し少々整理すると

$$c_v \frac{dT}{T} + \frac{R}{M}\frac{dv}{v} = 0 \qquad (4.11)$$

となる．これを積分し (4.7)（p.40）を利用して，比熱比 γ を導入すると，次の関係が導かれる．

$$\ln T + (\gamma - 1)\ln v = （定数） \qquad (4.12)$$

(4.12) から，断熱変化の場合

$$Tv^{\gamma - 1} = 一定 \qquad (4.13)$$

であることがわかる．

以上，単位質量を考えたが，質量 m の場合，その体積 V は $V = mv$ と書ける．したがって，この式を (4.13) に代入すると

$$TV^{\gamma - 1} = 一定 \qquad (4.14)$$

が得られる．$\gamma - 1 > 0$ であるので，(4.14) から V を小さくすれば T は大きくなり，逆に V を大きくすれば T は小さくなることがわかる．すなわち，一定量の理想気体を**断熱圧縮**すると温度が上がり，逆に**断熱膨張**させると温度が下がる．前者の性質はディーゼルエンジン，後者の性質は電気冷蔵庫やエアコンのように，低温を実現させるために利用されている．

> dT/T を積分すると $\ln T$ となる．ここで $\ln$ の記号は自然対数を表す．

4.4 断熱変化

参考 p と V との関係 一定量の理想気体では，状態方程式により $T \propto pV$ が成り立つので，これを (4.14) に代入すると

$$pV^\gamma = 一定 \qquad ④$$

の関係が導かれる．

例題 5 Vp 面上で一定量の物体の状態変化を考えたとき，等温変化を表す曲線を**等温線**，断熱変化を記述する曲線を**断熱線**という．理想気体の場合，図 4.3 のように，Vp 面上のある一点を通る断熱線は等温線より急勾配であることを示せ．

解 等温変化では $pV = 一定$ であるから，これを微分し $pdV + Vdp = 0$ となる．すなわち

$$\left(\frac{\partial p}{\partial V}\right)_T = -\frac{p}{V} \qquad ⑤$$

である．一方，断熱変化では④の自然対数をとりそれを微分すると $(dp/p) + \gamma(dV/V) = 0$ が得られる．すなわち

$$\left(\frac{\partial p}{\partial V}\right)_{\mathrm{ad}} = -\gamma\frac{p}{V} \qquad ⑥$$

が得られる．$\gamma > 1$ であるから，⑤，⑥により断熱線は等温線より急勾配となる．

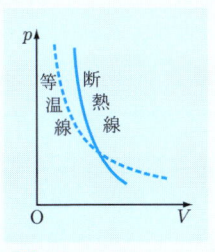

図 4.3 等温線と断熱線

ad は adiabatic の略である．等温変化でも断熱変化でも $\partial p/\partial V$ は負である．

例題 6 状態 A (体積 V_A，圧力 p_A，温度 T_A) にある n モルの理想気体を状態 B (体積 V_B，圧力 p_B，温度 T_B) に断熱変化させたとき，気体のした仕事 W_AB を求めよ．

解 ④により $pV^\gamma = p_\mathrm{A}V_\mathrm{A}^\gamma = p_\mathrm{B}V_\mathrm{B}^\gamma$ が成り立つ．したがって，仕事 W_AB は

$$\begin{aligned}
W_\mathrm{AB} &= \int_{V_\mathrm{A}}^{V_\mathrm{B}} p\,dV = p_\mathrm{A}V_\mathrm{A}^\gamma \int_{V_\mathrm{A}}^{V_\mathrm{B}} \frac{dV}{V^\gamma} \\
&= p_\mathrm{A}V_\mathrm{A}^\gamma \frac{V_\mathrm{A}^{1-\gamma} - V_\mathrm{B}^{1-\gamma}}{\gamma - 1} \\
&= \frac{1}{\gamma - 1}(p_\mathrm{A}V_\mathrm{A} - p_\mathrm{A}V_\mathrm{A}^\gamma V_\mathrm{B}^{1-\gamma}) = \frac{p_\mathrm{A}V_\mathrm{A} - p_\mathrm{B}V_\mathrm{B}}{\gamma - 1}
\end{aligned}$$

と表される．あるいは，状態方程式 $pV = nRT$ を適用すると

$$W_\mathrm{AB} = \frac{nR}{\gamma - 1}(T_\mathrm{A} - T_\mathrm{B})$$

と書ける．

4.5 カルノーサイクル

サイクル　一般に，ある 1 つの状態から出発して，再びその状態に戻るような一回りの状態変化をサイクルという．サイクルの場合，(4.2) (p.38) で $U_B = U_A$ とおき

$$W + Q = 0 \qquad (4.15)$$

が成り立つ．これから $-W = Q$ となる．すなわち，体系が外部にした仕事と吸収した熱量は等しい．あるいは，符号を逆転し $W = -Q$ と書くと，体系に外部から加えられた仕事と放出した熱量は等しい，ともいえる．熱機関はサイクルの性質を利用して，熱を仕事に変換する．熱機関に利用される物質を**作業物質**という．

> 蒸気機関，ガソリン機関の作業物質はそれぞれ蒸気，ガソリンである．

カルノーサイクル　フランスの物理学者カルノー（1796〜1832）は理想気体を作業物質とする理想的な熱機関を導入した．いま，n モルの理想気体を摩擦のないシリンダー中に封入したとし，Vp 面上で図 **4.4** に示すような準静的な状態変化をさせたとする．

$1 \to 2$ の間は，気体は温度 T_1 の高温熱源と接触しながら等温膨張する．状態 2 に達したところで，気体を高温熱源から引き離し断熱膨張させる．その結果，気体の温度は下がるが，温度 T_2 になったところ（状態 3）から，今度は温度 T_2 の低温熱源と接触させながら気体を等温圧縮し $3 \to 4$ と変化させる．最後に $4 \to 1$ と断熱圧縮して気体をもとの状態に戻す．このような 1 サイクル $1 \to 2 \to 3 \to 4 \to 1$ をカルノーサイクルという．例えば，状態 1 における気体の体積を V_1 と表すことにすると，1 サイクルの間に気体が受けとった仕事 W は

$$W = -nR(T_1 - T_2) \ln \frac{V_2}{V_1} \qquad (4.16)$$

と表される（例題 7）．$T_1 > T_2$, $V_2 > V_1$ なので $W < 0$ で 1 サイクルの間に気体は外部に対し仕事を行う．

4.5 カルノーサイクル

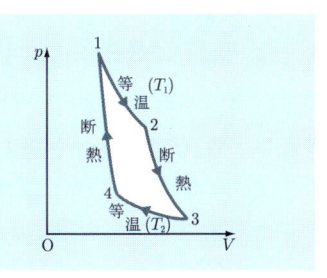

図 4.4 カルノーサイクル

> **例題 7** カルノーサイクルで気体が高温熱源から受けとった熱量 Q_1,低温熱源に放出する熱量 $|Q_2|$, 1サイクルの間に受けとった仕事 W を求めよ.

解 $1 \to 2$ の変化で気体は膨張するので外部に対して仕事をする.その仕事量を $-W_1$ とし,またこの間に体系が吸収する熱量を Q_1 とする.理想気体の内部エネルギーは体積に依存せず,温度は一定なので内部エネルギー $U(T_1)$ は変化しない.したがって,(4.2) (p.38) により,$W_1 + Q_1 = 0$,すなわち $Q_1 = -W_1$ が成り立つ.こうして Q_1 は

$$Q_1 = \int_{V_1}^{V_2} p dV = \int_{V_1}^{V_2} \frac{nRT_1}{V} dV = nRT_1 \ln \frac{V_2}{V_1} \quad ⑦$$

と計算される.$V_2 > V_1$ であるから $Q_1 > 0$ となる.同様に,$3 \to 4$ の過程で,気体の吸収する熱量 Q_2 は⑦で $T_1 \to T_2$, $V_2 \to V_4$, $V_1 \to V_3$ の置き換えを実行し

$$Q_2 = nRT_2 \ln(V_4/V_3) \quad ⑧$$

と表される.$V_4 < V_3$ であるから $Q_2 < 0$ で,低温熱源に放出する熱量は⑧の絶対値に等しい.$2 \to 3$, $4 \to 1$ の変化は断熱変化であるから (4.14) (p.42) により $T_1 V_2^{\gamma-1} = T_2 V_3^{\gamma-1}$, $T_2 V_4^{\gamma-1} = T_1 V_1^{\gamma-1}$ となる.これから

$$T_1/T_2 = (V_3/V_2)^{\gamma-1} = (V_4/V_1)^{\gamma-1}$$

が得られ,$V_3/V_2 = V_4/V_1$ が導かれる.すなわち

$$\frac{V_2}{V_1} = \frac{V_3}{V_4} \quad ⑨$$

となる.サイクルの性質により $W + Q_1 + Q_2 = 0$ が成り立つので⑦〜⑨を用いて (4.16) が導かれる.

W_1 は $1 \to 2$ の変化で体系に加えられた仕事である.

カルノーサイクルの効率

これまでの結果をまとめると，カルノーサイクル C では，図 4.5(a) のように，作業物質が高温熱源 R_1 から Q_1 の熱量，低温熱源 R_2 から Q_2 の熱量を受けとり，外部に $Q_1 + Q_2$ だけの仕事をする．実際には，$Q_2 < 0$ であるから，図 4.5(b) に示すように C は R_1 から Q_1 の熱量を受けとり，R_2 に $|Q_2|$ の熱量を放出し，その差額 $Q_1 - |Q_2|$ だけの仕事を外部にする，と考えてもよい．いずれにせよ，$|Q_2|$ は 0 ではないから，高温熱源からもらった熱量がすべて仕事になるわけではない．熱量 Q_1 のうち，何％が実際に仕事として役に立ったかを示す量として**効率** η を導入し，η を

$$\eta = \frac{-W}{Q_1} = \frac{Q_1 + Q_2}{Q_1} \tag{4.17}$$

で定義する．(4.16)（p.44）と ⑦ から，η は

$$\eta = \frac{T_1 - T_2}{T_1} \tag{4.18}$$

と表される．第 5 章で述べるように，T_1 の高温熱源と T_2 の低温熱源の間で働く実際の熱機関の効率は (4.18) より小さい．このような意味でカルノーサイクルは理想的な熱機関である．

> カルノーサイクルを象徴的に C の記号で表す．

クラウジウスの式

⑦〜⑨ から

$$\frac{Q_1}{T_1} + \frac{Q_2}{T_2} = 0 \tag{4.19}$$

の関係が導かれる．これをクラウジウスの式という．

> クラウジウスの式は第 5 章で学ぶように第二法則の定式に使われる．

逆カルノーサイクル

図 4.4 の矢印の向きを逆向きにしたものを逆カルノーサイクルという．逆カルノーサイクルではカルノーサイクルと逆の現象が起こる．すなわち，作業物質には外部から $Q_1 - |Q_2|$ の仕事がなされ，その結果，低温熱源から $|Q_2|$ の熱量が奪われ，高温熱源は Q_1 の熱量を受けとる．低温側から高温側へ熱が運ばれるので以上の過程は冷凍機としての機能をもつ．そこで逆カルノーサイクルを**カルノー冷凍機**ともいう．

4.5 カルノーサイクル

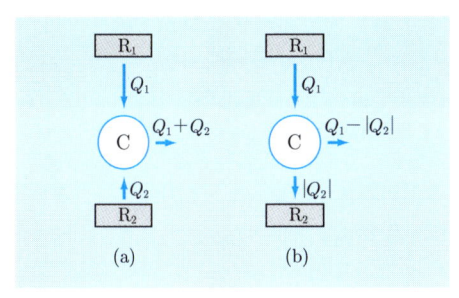

図 4.5 カルノーサイクルにおける熱の授受

> **例題 8** 0.1 モルの理想気体を作業物質とし，1000 K の高温熱源と 300 K の低温熱源との間で働くカルノーサイクルがある．高温熱源と接触し等温膨張するとき体積は 2 倍になるとして次の諸量を求めよ．
> (a) 高温熱源が吸収した熱量 Q_1，低温熱源に与えた熱量 $|Q_2|$
> (b) 外部にした力学的な仕事 $|W|$
> (c) カルノーサイクルの効率 η

解 (a) ⑦ (p.45) により

$$Q_1 = 0.1 \times 8.31 \times 1000 \times \ln 2 \text{ J} = 576 \text{ J}$$

と計算される．同様に，次の結果が得られる．

$$|Q_2| = 0.1 \times 8.31 \times 300 \times \ln 2 \text{ J} = 173 \text{ J}$$

(b) $|W| = Q_1 - |Q_2| = 403 \text{ J}$
(c) $\eta = 700/1000 = 0.7 = 70 \%$

$\ln 2 = 0.693$
$R = 8.31 \text{ J/mol·K}$

━━━━━ サディ・カルノー ━━━━━

カルノーサイクルを導入したのはサディ・カルノーだが，彼の父親のラザール・カルノーは共和主義者の政治家でナポレオンに重用され軍事大臣などを務めた．子供のころのサディ・カルノーはナポレオン夫人に大変可愛がられたとの話である．

産業革命の進展に伴い，能率のよい熱機関をいかにして作るかが問題となったが，カルノーは 1824 年に刊行した「火の動力についての考察」という著書で 1 つの指針を与えた．カルノーは当時の定説であったカロリック説に基づいて議論を展開したが，現在でもカルノーサイクルは不朽の名声を留めている．

演習問題 第4章

1. ある物体が外部に 4 J の仕事をし，それと同時に 3 cal の熱量をこの物体から奪った．この作用による物体の内部エネルギーの変化を求めよ．

2. 体系に W の仕事が加わり，その間に Q の熱量が放出されるとき体系の内部エネルギーはどれだけ増加するか．次の①～④のうちから，正しいものを1つ選べ．
   ① $W + Q$ ② $W - Q$
   ③ $-W + Q$ ④ $-W - Q$

3. 100 g の食パンには 8.4 g のタンパク質，48.0 g の炭水化物，3.8 g の脂肪が含まれている．この食パンの内部エネルギーは何 kcal か．また，それは何 J か．

4. 1 サイクルの間に体系は 250 cal の熱量を吸収した．体系が外部にした仕事は何 J か．

5. 一定量の 0°C の空気を断熱圧縮してその体積を半分にした．このとき空気の温度は何 °C に上昇するか．ただし，空気の比熱比は 1.4 とする．

6. 600 K の高温熱源と 300 K の低温熱源との間に働くカルノーサイクルの効率は何 % か．

7. 下図に示すようなサイクルを**ディーゼルサイクル**といい，自動車のディーゼルエンジンに利用されている．任意の気体を作業物質とし，また，状態 1, 2, 3, 4 における温度を T_1, T_2, T_3, T_4 とする．このようなディーゼルサイクルの効率を求めよ．

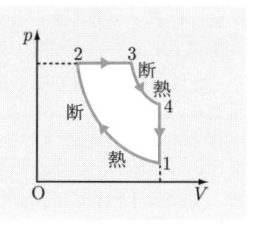

ディーゼルサイクル

第5章

熱力学第二法則

　高温物体と低温物体とを接触させ放置しておくと，熱は高温部からひとりでに低温部の方へ流れていく．このような熱伝導は一方向きに起こるが，物理現象におけるこの種の一方通行を不可逆過程という．本章では，不可逆過程を支配する法則，すなわち熱力学第二法則を中心としてエントロピー，その他の主要な熱力学関数などについて学んでいく．また，化学ポテンシャルに触れ，統計力学との比較で重要な公式を導いておく．

本章の内容

5.1　可逆過程と不可逆過程
5.2　クラウジウスの原理とトムソンの原理
5.3　可逆サイクルと不可逆サイクル
5.4　クラウジウスの不等式
5.5　エントロピー
5.6　各種の熱力学関数
5.7　化学ポテンシャル

第5章 熱力学第二法則

5.1 可逆過程と不可逆過程

可逆と不可逆　物理現象の中には，時間の流れを逆にしても実現可能な現象（**可逆過程**または**可逆変化**）と時間の流れを逆にしたら実現不可能な現象（**不可逆過程**または**不可逆変化**）とがある．摩擦や抵抗が働かない物体の運動は可逆過程で，例えば単振動では時間の流れを逆にしてもまったく同じ運動が観測される．

不可逆過程の例　① **熱伝導**　図 5.1 に示すように，熱湯を入れたやかんを洗面器中の水にひたすと湯（高温部）から水（低温部）へと熱が伝わる．このような熱伝導は高温部 → 低温部 の向きにだけ一方的に起こる不可逆過程である．洗面器中の水温は図 5.2 のように，やかんを入れた瞬間から上昇する．ある程度時間のたったところでやかん中の湯と洗面器中の水とは熱平衡に達し，両者は同じ温度になる．途中で洗面器に水を加えるといった人為的な操作を加えない限り，熱は高温部から低温部へと移動し，図 5.2 の水温は増加する一方である．

② **摩擦熱**　摩擦のある水平な床上の物体に初速度を与え，その物体を運動させると，物体と床との間に摩擦熱が発生する．その結果，物体の運動エネルギーが熱に変わって物体の速さは次第に減少していき，ついには物体は止まってしまう（図 5.3）．ところが，静止していた物体が摩擦熱を吸収して動きだしその速さが増すという現象は起こり得ない．このように，摩擦熱の発生は1つの不可逆過程である．摩擦熱がそのまま全部力学的エネルギーになるとしたら，上記の逆向きの現象は別にエネルギー保存則とは矛盾しない．これからわかるように，熱力学第一法則だけでは変化の向きを指定することはできない．その向きの方向を決める法則が熱力学第二法則である．

注目する現象をビデオカメラでとり，そのテープを逆転させたとき，この映像が実際に起こり得る現象なら可逆過程，そうでなければ不可逆過程である．

便宜上，図 5.1, 5.2 は図 1.7, 1.8 を再録した．

5.1 可逆過程と不可逆過程

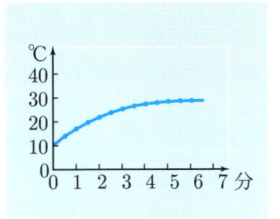

図 5.1 熱伝導

図 5.2 水温の変化

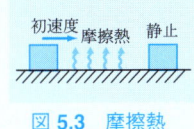

図 5.3 摩擦熱

> **例題 1** 次の現象は可逆か，不可逆か．
> (a) 水が蒸発する現象
> (b) 水中でのインクの拡散
> (c) 電流が発生するジュール熱
> (d) 摩擦などが働かない落体の運動

解 (a) 可逆（水を熱すると，水蒸気になるが，水蒸気を冷やすと水になる．）

(b) 不可逆（水中に広がったインクが自然に集まりもとの一滴になることはない．）

(c) 不可逆（導線が熱を吸収し電流が流れるという現象は起こり得ない．）

(d) 可逆（摩擦などが働かないと力学の法則は可逆である．）

参考 可逆，不可逆の正確な定義 体系を状態1から状態2へ変化させたとする．この変化は，例えば，Vp 面上の1つの経路で表される．体系が状態2に達したとき，一般には注目する体系の外部になんらかの変化が生じている．経路を逆転させ同じ経路を逆向きにたどって，体系が $2 \to 1$ と変化しもとの状態に戻ったとき，外部の変化が帳消しになれば，$1 \to 2$ の変化は可逆過程である．これに反し，$2 \to 1$ のいかなる経路をとっても，外部に必ず変化が残れば，$1 \to 2$ の変化は不可逆過程であると定義する．

補足 可逆過程と熱の発生 可逆過程の場合，$1 \to 2$ の変化で Q の熱量が発生したとすれば，$2 \to 1$ の逆向きでは $-Q$ の熱量が発生する．すなわち，可逆過程の場合，状態変化を逆転させると発生する熱量の符号が逆転すると考えてよい．

5.2 クラウジウスの原理とトムソンの原理

不可逆性の特徴　物理現象の不可逆性をまとめると

　　熱は低温部から高温部へひとりでに移動しない
$$(5.1)$$

とか

　　熱はひとりでに力学的な仕事に変わらない　(5.2)

と表現できる．(5.1) を**クラウジウスの原理**，(5.2) をトムソンの原理，両者を**熱力学第二法則**という．

> 「ひとりでに」という語句は「外部になんら変化を残さないで」という意味である．

両者の原理の等価性　両者の原理の等価性を示すため，クラウジウスの原理を命題 A，トムソンの原理を命題 B とし，A が成立するとき B が成立することを A → B と書こう．A と B とが等価であるとは，A → B，B → A という意味である．これを証明するかわりに，A, B を否定する命題を A′, B′ として，左の注に示すように A′ → B′，B′ → A′ を証明してもよい．

> 両者の原理は同じことを異なった立場で表現しているだけである．

> 一般に A → B か A → B′ のどちらかが正しい．B′ → A′ が証明されているとき，後者が正しいとすれば A → B′ → A′ となり，A と A′ とが両立するはずはなく矛盾に導く．よって，A → B でなければならない．同様に B → A が導かれる．

　A′ が成立すると熱は低温部から高温部へひとりでに移動することになる．そこで，カルノーサイクル C を運転させ，これが高温部から Q_1 の熱量を吸収し，低温部へ Q_2 の熱量を放出したとする．C はその差 $Q_1 - Q_2$ だけの仕事を外部に対して行う［図 **5.4(a)**］．ここで，Q_2 の熱量をひとりでに高温部へ移動させると，低温部の変化が消滅し，高温部の熱量 $Q_1 - Q_2$ がひとりでに仕事に変わり B′ が成立して A′ → B′ が証明された．逆に，B′ が正しいと仮定し，低温部の Q' がひとりでに仕事になったとして，この仕事を使い逆カルノーサイクル $\bar{C}$ を運転させる．その際，低温部から Q_2 の熱量が失われたとすれば，1 サイクルの後，外部の仕事は帳消しとなり，低温部から $Q_2 + Q'$ の熱量がひとりでに高温部へ移動し［図 **5.4(b)**］，B′ → A′ が示された．

5.2 クラウジウスの原理とトムソンの原理

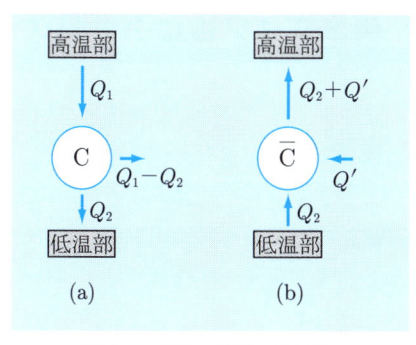

図 5.4 両者の原理の等価性

不可逆過程はなぜ起こるか

　不可逆過程は自然界における一方通行である．力学の法則はそもそも可逆であるのになぜ不可逆過程が起こるのか，19 世紀後半から多くの議論があった．オーストリアの物理学者ボルツマン（1844～1906）は，1872 年，H 定理というものを唱え一応，不可逆性の説明に成功したように思えた．これに対し 1876 年ロシュミットはボルツマンの説に鋭い批判を加えた．これはロシュミットの可逆性パラドックスと呼ばれている．

　すべての物質は分子や原子から構成され，これらの運動は力学の法則に支配されているため，不可逆過程は起こるはずがないというのがロシュミットの可逆性パラドックスである．さらに，もう 1 つ，ツェルメロが 1896 年に指摘した再帰パラドックスがある．力学ではポアンカレ（1854～1912）の再帰定理が成り立ち，質点系内の各質点が運動しているとき，ある時間がたつと最初の運動状態にいくらでも接近した状態に戻るし，さらにそれを何回も繰り返す．この現象をポアンカレサイクルという．ボルツマンは次のような例を考え，ポアンカレサイクルの周期を評価した．いま，$1\,\mathrm{cm}^3$ の気体中に 10^{18} 個の分子があり，初期には互いに $10^{-6}\,\mathrm{cm}$ 程度離れているとし，各分子に $500\,\mathrm{m/s}$ の速さをでたらめな方向に与えたとする．位置は $10^{-7}\,\mathrm{cm}$ 以内，速さは $1\,\mathrm{m/s}$ 以内に戻る時間を評価して $10^{10^{19}}$ 秒程度の値を得た．10^{19} という数は非常に大きいが，それが 10 の肩に乗っているのである．宇宙は約 137 億年前のビッグバンによって始まったと考えられている．ポアンカレサイクルはこの宇宙の寿命よりはるかに長く，可逆的な力学現象が不可逆にみえるのである．

ロシュミット（1821～1895）はオーストリアの物理学者である．

ツェルメロ（1871～1953）はドイツの数学者である．

5.3 可逆サイクルと不可逆サイクル

カルノーサイクルは理想的な熱機関で，状態変化はすべて可逆過程であると仮定した．このように，可逆過程から構成されるサイクルを**可逆サイクル**という．これに対し，状態変化の際，不可逆過程を含むサイクルを**不可逆サイクル**という．現実の熱機関では，気体が膨張，圧縮するときシリンダーとピストンとの間で摩擦熱が発生したり，また，作業物質と熱源との間で熱伝導が起こったりして，必然的に不可逆過程が含まれる．したがって，可逆機関はいわば想像上の理想的な熱機関で現実に存在するわけではない．しかし，それは理論的な推論の上で重要な役割を演じる．

> 可逆サイクル，不可逆サイクルで構成される熱機関をそれぞれ**可逆機関**，**不可逆機関**という．

任意のサイクルの効率　　任意のサイクル（可逆でも不可逆でもよい）を C，カルノーサイクルを C′ とし，これらを高温熱源 R_1（温度 T_1）と低温熱源 R_2（温度 T_2）との間で運転させたとしよう．1 サイクルの間に，C，C′ はそれぞれ，図 **5.5** に示すような熱量を吸収したと仮定する．サイクルの性質により，もとに戻ったとき C は $Q_1 + Q_2$，C′ は $Q_1' + Q_2'$ の仕事を外部に行い，結局 C，C′ がもとに戻ったとき外部には $Q_1 + Q_2 + Q_1' + Q_2'$ だけの仕事が残る．ここですべての操作が終わったとき R_2 に変化が残らないように Q_2' を決めれば

$$Q_2 + Q_2' = 0 \tag{5.3}$$

となる．熱力学第二法則を使うと C の効率に対し

$$\eta \leq \frac{T_1 - T_2}{T_1} \tag{5.4}$$

が導かれる（例題 2）．ここで ＝ は可逆，＜ は不可逆の場合に相当する．上式の右辺はちょうどカルノーサイクル C′ の効率で，2 つの熱源間で働く熱機関の効率はカルノーサイクルのとき最大となる．

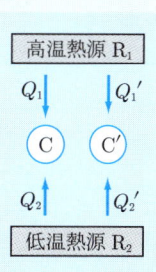

5.3 可逆サイクルと不可逆サイクル

例題 2 (5.4) を導け．

解 Q_2' を (5.3) のように決めると，C，C′ がもとに戻ったとき R_2 はもとに戻るが，R_1 は $Q_1 + Q_1'$ の熱量を失い，それに等しい仕事が外部に残っている．もし，$Q_1 + Q_1'$ が正であれば，正の熱量がひとりでに仕事に変わったことになり，トムソンの原理に反する．よって

$$Q_1 + Q_1' \leq 0 \qquad ①$$

でなければならない．もし C が可逆サイクルであれば，逆向きの状態変化が可能で上の操作をすべて逆転することができる．その場合には，Q, Q' の符号がすべて逆転し $Q_1 + Q_1' \geq 0$ となり①と両立するためには $Q_1 + Q_1' = 0$ が必要となる．逆にこれが成立すれば，すべての変化が帳消しになるので，C が可逆サイクルであることは明らかである．すなわち，①の ≤ 0 で $= 0$ と可逆サイクルとは等価である．したがって，< 0 と不可逆サイクルとが等価になる．さて，C′ はカルノーサイクルであるから，(4.19)（p.46）により

$$\frac{Q_1'}{T_1} + \frac{Q_2'}{T_2} = 0 \qquad ②$$

が成立する．(5.3) から得られる $Q_2' = -Q_2$ を②に代入すると

$$\frac{Q_1'}{T_1} - \frac{Q_2}{T_2} = 0 \qquad ③$$

となり，これから $Q_1' = T_1 Q_2 / T_2$ が導かれる．$T_1 > 0$ に注意すれば①から

$$\frac{Q_1}{T_1} + \frac{Q_2}{T_2} \leq 0 \qquad ④$$

となる．この関係も**クラウジウスの式**と呼ばれる．④で $=$ は可逆サイクル，$<$ は不可逆サイクルの場合に対応する．C の効率 η は

$$\eta = \frac{Q_1 + Q_2}{Q_1} = 1 + \frac{Q_2}{Q_1} \qquad ⑤$$

で定義される．C が外部に仕事をするときには $Q_1 > 0$ で④に注意すると (5.4) が得られる．

図 5.5
可逆サイクルと不可逆サイクル

可逆，不可逆という概念が ④ では等式，不等式で表現される．

5.4 クラウジウスの不等式

クラウジウスの式の拡張　④（p.55）は多数の熱源がある場合に拡張できる．いま，任意の体系が行う任意のサイクル C があるとし，1 サイクルの間に図 5.6 のように C は熱源 R_1（温度 T_1）から熱量 Q_1，熱源 R_2（温度 T_2）から熱量 Q_2, $\cdots$，熱源 R_n（温度 T_n）から熱量 Q_n を吸収したとする．ここで，温度 T をもつ任意の熱源 R を準備し，この R と $R_1, R_2, \cdots, R_n$ との間にカルノーサイクル $C_1, C_2, \cdots, C_n$ を働かせる．これらをもとに戻したとき図 5.6 のように熱量を吸収したとすれば，カルノーサイクルに対する関係から次式が成り立つ．

$$\frac{Q_i'}{T} - \frac{Q_i}{T_i} = 0 \quad (i=1, 2, \cdots, n) \tag{5.5}$$

すべてのサイクルが完了した時点で，C, $C_1, C_2, \cdots, C_n$ はもとに戻り，また熱源 R_i からは Q_i と $-Q_i$ の熱量が出ているから差し引き変化は 0 で，$R_1, R_2, \cdots, R_n$ ももとに戻る．一方，1 サイクルの間に C_i は，$Q_i' - Q_i$，C は $Q_1 + Q_2 + \cdots + Q_n$ の仕事を外部に対して行う．これらを加え外部にした仕事は $Q_1' + Q_2' + \cdots + Q_n'$ となる．したがって，すべてのサイクルが完了した時点で，変化があるのは R が $Q_1' + Q_2' + \cdots + Q_n'$ の熱量を失い，外部にこれだけの仕事が残っているという点で

$$\sum_{i=1}^{n} Q_i' \leq 0 \tag{5.6}$$

が成り立つ．前と同じ議論で C が可逆サイクルなら，(5.6) で $= 0$，不可逆サイクルなら < 0 となる．(5.5) から Q_i' を解き，(5.6) に代入し $T > 0$ に注意すれば

$$\sum_{i=1}^{n} \frac{Q_i}{T_i} \leq 0 \tag{5.7}$$

が得られる．上式は n 個の熱源があるとき成り立つ関係でこれを**クラウジウスの不等式**という．

> (5.6) の左辺が正だと，熱はひとりでに仕事に変わったことになり，トムソンの原理に反する．

5.4 クラウジウスの不等式

図 5.6　クラウジウスの不等式の導出

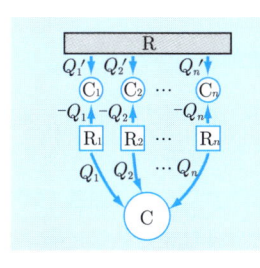

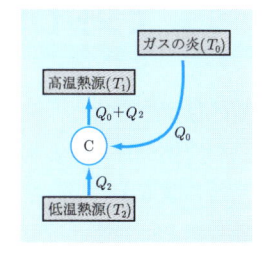

図 5.7　ガス冷蔵庫の原理

[補足] $n=2$ の場合　(5.7) で $n=2$ とおけば④ (p.55) の結果が導かれる．なお，④ と同様，(5.7) で等号が可逆サイクル，不等号が不可逆サイクルに対応する．

例題 3　あるサイクルが温度 T_0, T_1, T_2 の熱源からそれぞれ Q_0, Q_1, Q_2 の熱量を吸収してもとの状態に戻るとき，クラウジウスの不等式はどのように表されるか．

解
$$\frac{Q_0}{T_0} + \frac{Q_1}{T_1} + \frac{Q_2}{T_2} \leq 0$$

例題 4　上のサイクルがガスの炎（温度 T_0）から Q_0，低温熱源（温度 T_2）から Q_2 の熱量を吸収し，また高温熱源（温度 T_1）に Q_0+Q_2 の熱量を供給してもとに戻ったとする（図 5.7）．すべての変化が可逆的であるとして，Q_2 を求めよ．

解　すべての変化が可逆的であれば，例題 3 で得られた方程式で等号が成立する．したがって，熱量の符号を考慮し
$$\frac{Q_0}{T_0} - \frac{Q_0+Q_2}{T_1} + \frac{Q_2}{T_2} = 0$$
となり，これから Q_2 を解いて
$$Q_2 = \frac{T_2}{T_0} \frac{T_0-T_1}{T_1-T_2} Q_0 \qquad ⑥$$
が得られる．$T_1 > T_2$ であるから，$T_0 > T_1$ なら $Q_2 > 0$ となる．すなわち，$T_0 > T_1 > T_2$ が満たされると，低温熱源から熱が奪われ，冷蔵庫としての機能が生じることになる．これはガス冷蔵庫の原理となっている．

⑥ の具体例については演習問題 4 を参照せよ．

5.5 エントロピー

連続的な状態変化　連続的に温度の変わる熱源との間で熱の交換が行われる場合を考え，体系の1サイクルを概念的に図 5.8 のような閉曲線で表し，この曲線を細かく分割する．各微小部分で体系が吸収する熱量は微小量なのでそれを $d'Q$ と書く．この部分では熱源の温度を一定とみなしそれを T' としよう．分割を十分細かくすれば (5.7) (p.56) の和は積分として表され

$$\oint \frac{d'Q}{T'} \leq 0 \tag{5.8}$$

の関係が得られる．ここで，積分記号につけた ○ はサイクル（閉曲線）に関する積分を意味する．

エントロピー　図 5.9(a) のように，状態 0 から状態 1 に経路 L_1 に沿って変化し，$1 \to 0$ と L_2' をたどりもとへ戻る可逆サイクルを考える．この場合，T' は体系の温度 T と等しく (5.8) は

$$\int_{L_1} \frac{d'Q}{T} + \int_{L_2'} \frac{d'Q}{T} = 0 \tag{5.9}$$

となる．ここで，図 5.9(b) のように，L_2' と逆向きの経路を L_2 とする．可逆過程では変化の向きを逆転させると熱量の符号が逆転するので，(5.9) は

$$\int_{L_1} \frac{d'Q}{T} = \int_{L_2} \frac{d'Q}{T} \tag{5.10}$$

と表される．L を $0 \to 1$ の可逆変化を表す任意の経路としたとき，上式からわかるように

$$\int_L \frac{d'Q}{T} = S(1) \tag{5.11}$$

は L の選び方に依存しない．すなわち，0 という状態を決めたとすれば，(5.11) で定義される $S(1)$ は状態 1 だけに依存する状態量であることがわかる．この S をエントロピーという．

> T' の記号は体系の温度 T ではなく熱源の温度を明記するためである．

> T と T' が違うと熱伝導という不可逆過程が起こり，可逆サイクルになり得ない．

5.5 エントロピー

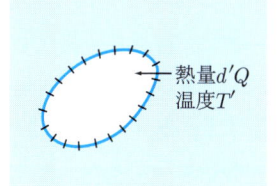

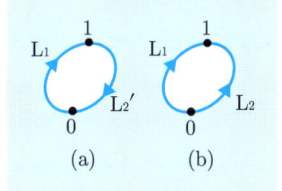

図 5.8 連続的な状態変化

図 5.9 可逆サイクル

補足 エントロピーの性質　図 5.10 のように経路 L_1 と経路 L とを連結させると $0 \to 2$ の経路となるから, 積分値が経路のとり方によらないことに注意し

$$\int_{L_1} \frac{d'Q}{T} + \int_{L} \frac{d'Q}{T} = \int_{L_2} \frac{d'Q}{T}$$

が得られる. これに (5.11) を適用すると

$$\int_{L} \frac{d'Q}{T} = S(2) - S(1) \qquad ⑦$$

と表される. (5.11) の $S(1)$ は基準点の選び方によって異なるから, エントロピーの値には任意性があり一義的に決まらない. しかし, 物理的に意味があるのは⑦のような差だけで, これは基準点の選び方によらない.

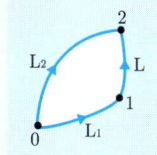

図 5.10　0 から 2 へいたる経路

左の事情は重力の位置エネルギーの基準点をどこにとってもよいのと同じである.

参考 エントロピーの微小変化　⑦で状態 2 が状態 1 に限りなく近づくと, この式は微小量の間の関係となり

$$\frac{d'Q}{T} = dS \qquad ⑧$$

と書ける. すなわち, $d'Q$ そのものはある状態量の微分として表すことはできないが, それを T で割れば S という状態量の微分として書ける, ということになる. この事情は, ちょうど熱力学第一法則を考えたとき

$$d'W = -pdV$$

と表されるが W は状態量ではないけれども, $-d'W$ を p で割れば, それは状態量 V の微分になるのと似ている.

エントロピーの例

① 融解とエントロピー増加　一般に，固体を液体にするには外部から融解熱を加える．1気圧の下で0°Cの氷を同温度の水にするための融解熱は1gあたり80 calである．1gの氷を可逆的に同温度の水にしたときのエントロピー増加分を求めるため，⑦ (p.59)で氷，水の状態をそれぞれ状態1，2とする．状態変化の間，温度は一定であるから⑦でTは積分記号の外に出すことができ，エントロピーの増加は

$$\frac{335.2}{273} \text{ J/g·K} = 1.23 \text{ J/g·K}$$

と計算される．

② 理想気体のエントロピー　状態変化が可逆的であれば⑧ (p.59)により$d'Q = TdS$が成り立つ．これを(4.4) (p.38)に代入すれば可逆過程では

$$dU = -pdV + TdS \tag{5.12}$$

と書ける．上式は熱力学における1つの重要な関係式である．nモルの理想気体では，定積モル比熱をC_vとして，$dU = nC_v dT$，$pV = nRT$と書ける．したがって，(5.12)は

$$dS = nC_v \frac{dT}{T} + nR \frac{dV}{V}$$

と表される．これを積分するとSは次のようになる．

$$S = nC_v \ln T + nR \ln V + S_0 \tag{5.13}$$

不可逆過程とエントロピー

図 **5.10**でL_1, L_2は可逆過程を表すが，Lは不可逆過程を含む経路であるとする．$0 \to 1 \to 2 \to 0$というサイクルを考えると，これは不可逆サイクルであるから(5.8)で < 0 の不等号をとらねばならない．こうして，これまでの議論を繰り返し

$$\int_L \frac{d'Q}{T'} < S(2) - S(1) \tag{5.14}$$

となる．すなわち，不可逆過程の場合，左辺の積分はそれに対応するエントロピーの差より小さい．

$0°C = 273 K$
$80 \text{ cal} = 335.2 \text{ J}$

1gの水が0°Cの氷になるとき，右と同じ量だけエントロピーが減少する．

(5.13)のS_0は積分定数で，この付加項はエントロピーの不定性を表す．

⑦は(5.14)で等号をとり$T' = T$としたことに相当する．

5.5 エントロピー

例題 5 n モルの理想気体の温度を一定に保ち，体積を V から $2V$ まで変化させたときのエントロピー増加 $S(2V) - S(V)$ を求めよ．

解 (5.13) により
$$S(2V) - S(V) = nR(\ln 2V - \ln V) = nR \ln 2$$
が得られる．

補足 不可逆過程と微小変化　微小変化の場合には (5.14) は
$$\frac{d'Q}{T'} < dS \qquad ⑨$$
と書ける．あるいは $T' > 0$ であるから⑨は
$$d'Q < T'dS \qquad ⑩$$
と表される．

⑨で T' は熱源の温度であり体系の温度ではない．

参考 エントロピー増大則　⑧，⑨で断熱過程 ($d'Q = 0$) を考えると，$0 \leq dS$ であることがわかる．すなわち，可逆断熱過程ではエントロピーは変わらないが，不可逆断熱過程ではエントロピーは必ず増大する．これをエントロピー増大則という．全宇宙を考えると，外部からの熱の供給はないし，また，宇宙内の現象は熱伝導，摩擦などの不可逆過程を必然的に含んでいる．したがって，全宇宙内の状態変化は不可逆断熱過程で，全宇宙のエントロピーは増大する一方であると考えられている．

例題 6 図 5.11 のように，体積 $2V$ の容器の体積 V の部分に気体を閉じ込め，一方は真空とする．両者の仕切りをはずすと気体は体積 $2V$ に膨張する．これを**自由膨張**という．温度を一定に保つとしたとき，このような状態変化は断熱膨張であることを示し，例題 5 のエントロピー増加が正である理由を説明せよ．

解 温度は一定であるから内部エネルギーは変化せず，自由膨張では体系に働く仕事も 0 である．このため，熱力学第一法則により，吸収する熱量も 0 で状態変化は断熱過程となる．また，自由膨張は不可逆過程なのでエントロピーは増大する．

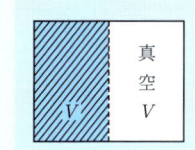

図 5.11
自由膨張

$\ln 2 = 0.6931\cdots$
は正である．

5.6 各種の熱力学関数

(5.12)(p.60) を利用すると，目的に応じて適当な熱力学関数を定義することができる．

ヘルムホルツの自由エネルギー　独立変数として T, V を選んだときに便利な関数で

$$F = U - TS \tag{5.15}$$

と定義される．$dU = -pdV + TdS$ に注意すると，(5.15) の微分をとり

$$dF = -pdV + TdS - TdS - SdT$$
$$= -SdT - pdV \tag{5.16}$$

が導かれる．上式で $V =$ 一定，あるいは $T =$ 一定 のときを考えると

$$S = -\left(\frac{\partial F}{\partial T}\right)_V, \quad p = -\left(\frac{\partial F}{\partial V}\right)_T \tag{5.17}$$

が得られる．ここで偏微分の公式

$$\frac{\partial}{\partial V}\left(\frac{\partial F}{\partial T}\right) = \frac{\partial}{\partial T}\left(\frac{\partial F}{\partial V}\right)$$

を使うと

$$\left(\frac{\partial S}{\partial V}\right)_T = \left(\frac{\partial p}{\partial T}\right)_V \tag{5.18}$$

となる．これを**マクスウェルの関係式**という．

ギブスの自由エネルギー　独立変数を T, p としたときに便利な関数がギブスの自由エネルギー G で，これは

$$G = U - TS + pV \tag{5.19}$$

で定義される．$dU = -pdV + TdS$ を使うと

$$dG = -pdV + TdS - TdS - SdT + pdV + Vdp$$
$$= -SdT + Vdp \tag{5.20}$$

となる．上式から次の関係が得られる．

$$S = -\left(\frac{\partial G}{\partial T}\right)_p, \quad V = \left(\frac{\partial G}{\partial p}\right)_T \tag{5.21}$$

ヘルムホルツ（1821〜1894）はドイツの物理学者である．

マクスウェル（1831〜1879），ギブス（1839〜1903）はそれぞれイギリス，アメリカの物理学者である．

5.6 各種の熱力学関数

例題 7 定積熱容量 C_v に対し
$$\left(\frac{\partial S}{\partial T}\right)_V = \frac{C_v}{T} \qquad ⑪$$
の関係を導き，$S(T, V)$ の関数形を実験的に決める方法を考えよ．

解 $d'Q/dT = T(dS/dT)$ が成り立つ．とくに $V =$ 一定の場合を考えると $d'Q/dT$ は体積が一定な場合の熱容量であるから ⑪ が導かれる．(5.18)，⑪ の右辺はいずれも実験的に測定でき，これらを T, V の関数として求めれば，それを積分し原理的に $S(T, V)$ の関数形が決まる．

可逆過程では $d'Q = TdS$ である．

例題 8 ヘルムホルツの自由エネルギー F により，内部エネルギー U は次のように表される．
$$U = -T^2 \left[\frac{\partial}{\partial T}\left(\frac{F}{T}\right)\right]_V \qquad ⑫$$
これを**ギブス・ヘルムホルツの式**という．この式を導け．

解 $F = U - TS$ から $U = F + TS$ と書けるので (5.17) の左側の式を使うと，下記のようになる．
$$U = F - T\left(\frac{\partial F}{\partial T}\right)_V = -T^2 \left[\frac{\partial}{\partial T}\left(\frac{F}{T}\right)\right]_V$$

ギブス・ヘルムホルツの式は統計力学の定式化のとき利用される．

例題 9 n モルの理想気体の場合，ヘルムホルツの自由エネルギーはどのように表されるか．

解 n モルの理想気体の内部エネルギーは U_0 を定数として $U = nC_vT + U_0$ と書ける．したがって，(5.13) を利用すると
$$F = U - TS = nC_vT - nC_vT\ln T - nRT\ln V + F_0$$
が得られる．ただし，$F_0 = U_0 - TS_0$ である．

==== **ヘルムホルツの業績** ====

ヘルムホルツは始め父の勧めにより医学の道を志したが，1845年にベルリン物理学会が設立されたのを機に物理学へと転向した．力（Kraft）という言葉を使っているが現在でいうエネルギーの概念を導入し，力学的，熱的，電気的，磁気的，化学的なエネルギーの相互関係やエネルギー保存則を論じた．また，熱のカロリック説を排し熱の運動説を支持した．

5.7 化学ポテンシャル

粒子数の変化　これまで，体系中の粒子数は一定であると暗に仮定してきたが，粒子数が変わると内部エネルギーも変化する．この事情を表すため，考える体系は1種類の粒子から構成されるとし粒子数を N とする．本来なら粒子数は自然数であるが，これらは莫大な数であるからそれらを連続変数のように扱ってもよい．この点に注意し，内部エネルギーの微分は (5.12) (p.60) を拡張し

$$dU = -pdV + TdS + \mu dN \qquad (5.22)$$

と書けるとする．

体系が多数の種類の粒子から構成される場合も議論できるが，ここでは簡単のため 1 種類の粒子を考える．

化学ポテンシャル　上式中の μ を 1 粒子あたりの化学ポテンシャルという．V, S を一定に保ち粒子を 1 個増やしたときの内部エネルギーの増え高が μ であると考えてよい．あるいは μ は

$$\mu = \left(\frac{\partial U}{\partial N}\right)_{V,S} \qquad (5.23)$$

と表される．化学の分野では (5.22) 中の N はモル数であるとする．このように，物理と化学では化学ポテンシャルの定義が違うので注意が必要である．

S, F, G の微分　(5.22) から dS を解くと

$$dS = \frac{dU}{T} + \frac{p}{T}dV - \frac{\mu}{T}dN \qquad (5.24)$$

が導かれる．ヘルムホルツの自由エネルギー F，ギブスの自由エネルギー G はいまの場合でもそれぞれ (5.15)，(5.19) (p.62) で定義される．前節と同様な計算を繰り返すと，(5.22) を用いこれらの微分に対して

$$dF = -SdT - pdV + \mu dN \qquad (5.25)$$

$$dG = -SdT + Vdp + \mu dN \qquad (5.26)$$

が成り立つ．上式からわかるように T, V を一定に保つ，あるいは T, p を一定に保つという条件下で粒子を 1 個増やしたときの F あるいは G の増加分が μ に等しい．

5.7 化学ポテンシャル

[補足] 化学ポテンシャルに対する表式 (5.24)〜(5.26) により μ は次のように表される.

$$\mu = -T\left(\frac{\partial S}{\partial N}\right)_{U,V} = \left(\frac{\partial F}{\partial N}\right)_{T,V} = \left(\frac{\partial G}{\partial N}\right)_{T,p} \quad ⑬$$

[参考] **化学ポテンシャルとギブスの自由エネルギー** 化学ポテンシャルはギブスの自由エネルギーと密接な関係をもつ. これを示すため, ギブスの自由エネルギーを $G(T, p, N)$ と書こう. T, p を一定に保ち, N を x 倍すれば G は x 倍となる. すなわち

$$G(T, p, xN) = xG(T, p, N) \quad ⑭$$

が成り立つ. この式を x で偏微分すると

$$N\frac{\partial G(T, p, xN)}{\partial(xN)} = G(T, p, N)$$

となる. $x = 1$ とおき, ⑬を利用すると

$$G(T, p, N) = N\mu \quad ⑮$$

が導かれる. すなわち, 化学ポテンシャルは粒子 1 個あたりのギブスの自由エネルギーに等しい. ⑮の微分をとると

$$dG = Nd\mu + \mu dN \quad ⑯$$

となり, 上式と (5.26) を組み合わせると次式が得られる.

$$Nd\mu + SdT - Vdp = 0 \quad ⑰$$

これは一種の恒等式で**ギブス・デュエムの関係**と呼ばれる.

> **例題 10** 圧力 p が温度 T と粒子 1 個あたりの体積の関数のとき
> $$\left(\frac{\partial \mu}{\partial N}\right)_{T,V} = \frac{1}{N}\left[\frac{\partial p}{\partial(N/V)}\right]_T$$
> が成り立つことを示せ.

[解] ⑰で $T =$ 一定, $V =$ 一定と考え, dN で割ると

$$N\left(\frac{\partial \mu}{\partial N}\right)_{T,V} = V\left(\frac{\partial p}{\partial N}\right)_{T,V} \quad ⑱$$

となる. 仮定により $p = p(T, N/V)$ と書けるので, これを $T, V =$ 一定の条件下で N で偏微分すると

$$\left(\frac{\partial p}{\partial N}\right)_{T,V} = \left[\frac{\partial p}{\partial(N/V)}\right]_T\left[\frac{\partial}{\partial N}\left(\frac{N}{V}\right)\right]_V$$

が得られる. $[(\partial/\partial N)(N/V)]_V = 1/V$ を用い, 上式を⑱に代入すれば与式が導かれる.

同じ体系を 2 つ接合すると G は 2 倍となる. ⑭はこれを一般化したもので, このような性質を**示量性**という.

デュエム (1861〜1916) はフランスの物理学者である.

化学ポテンシャルと第二法則

化学ポテンシャルの物理的な意味を調べるため，図 5.12 のように 1 種類の分子から構成される物質が外界と遮断された箱の中に密閉されているとし，この物質は 2 つの相 A，B をとると仮定する．A 相，B 相は共通な温度 T，圧力 p をもつとし，状態 A にある粒子数を N_A，その化学ポテンシャルを μ_A とする．同様に，N_B, μ_B を定義する．体系 A は均質であると仮定し，(5.24) (p.64) を適用すると

$$dS_A = \frac{dU_A}{T} + \frac{p}{T}dV_A - \frac{1}{T}\mu_A dN_A \quad (5.27)$$

と書ける．同様に体系 B に対して

$$dS_B = \frac{dU_B}{T} + \frac{p}{T}dV_B - \frac{1}{T}\mu_B dN_B \quad (5.28)$$

が成り立つ．ここで，S_B, U_B, V_B は上と同様な意味をもつ．体系全体は孤立していると仮定したから

$$U_A + U_B = \text{一定} \quad \therefore \quad dU_A + dU_B = 0$$

となり，また全体の体積を一定に保つとすれば $dV_A + dV_B = 0$ が成り立つ．一方，全体のエントロピー変化 dS は $dS = dS_A + dS_B$ で与えられるので (5.27)，(5.28) から

$$dS = -\frac{1}{T}(\mu_A dN_A + \mu_B dN_B)$$

となる．系全体の粒子数は一定であるから $dN_A + dN_B = 0$ が成立し，このため上式は

$$dS = -\frac{1}{T}(\mu_A - \mu_B)dN_A \quad (5.29)$$

と書ける．第二法則により $dS > 0$ だから，$\mu_A > \mu_B$ だと $dN_A < 0$ となる．この場合，粒子は A から B へと移動する．逆に $\mu_B > \mu_A$ だと粒子は B から A へと移動する．このように，粒子は化学ポテンシャルの大きい方から小さい方へと移動する．また，粒子の移動がない平衡の状態では μ は互いに等しいことがわかる．化学ポテンシャル共通ということが熱平衡の 1 つの条件である．

例えば，物質は水で，A 相は気相，B 相は液相であると考えればよい．

S_A, U_A, V_A は体系 A のエントロピー，内部エネルギー，体積である．

熱は温度の高い方から低い方へ移動するので温度の等しいことが熱平衡の条件となる．

5.7 化学ポテンシャル

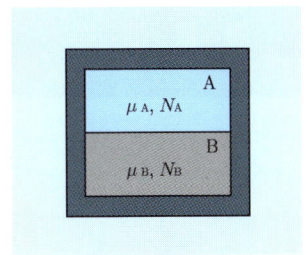

図 5.12 A 相と B 相

参考 **熱力学の 1 つの関係**　先の話になるが，10.4 節の議論で熱力学の関係と統計力学の結果とを比較するところが現れる．その議論を先取りし，熱力学における 1 つの関係を導いておく．一般に，pV/T の微分は

$$d\left(\frac{pV}{T}\right) = \frac{V dp}{T} + p d\left(\frac{V}{T}\right) \qquad ⑲$$

と書ける．これまでと同様，1 種類の分子から構成される体系を考え，⑲ の右辺第 1 項に ⑰ のギブス・デュエムの関係を適用し，右辺第 2 項を変形すれば

$$d\left(\frac{pV}{T}\right) = \frac{Nd\mu + SdT}{T} - \frac{pV}{T^2}dT + \frac{p}{T}dV$$

が得られる．ここで

$$\frac{d\mu}{T} = d\left(\frac{\mu}{T}\right) + \mu\frac{dT}{T^2}$$

と書けるので

$$d\left(\frac{pV}{T}\right) = Nd\left(\frac{\mu}{T}\right) + \frac{N\mu + TS - pV}{T^2}dT + \frac{p}{T}dV$$

と表される．上式に

$$G = N\mu = U - TS + pV$$

を利用し，右辺第 2 項を書き直すと次式が導かれる．

$$d\left(\frac{pV}{T}\right) = Nd\left(\frac{\mu}{T}\right) + \frac{U}{T^2}dT + \frac{p}{T}dV \qquad ⑳$$

補足 **気相と液相の平衡**　気相，液相を表す化学ポテンシャルを $\mu_G(T, p), \mu_L(T, p)$ とすれば平衡条件は $\mu_G(T, p) = \mu_L(T, p)$ と表される．T を決めたときの p が飽和蒸気圧，p を決めたときの T が沸点である（図 2.5 を参照せよ）．

統計力学の分野では $\Omega = -pV$ で Ω を定義し，これを熱力学ポテンシャルという．

演習問題 第5章

1. 0°Cと600°Cの両熱源の間で働く熱機関の最大効率は何%か.

2. 一定の温度で状態変化を行うサイクルがあり，1サイクルの間に体系が受けとった熱量，仕事をそれぞれ Q, W とする．Q, W に関する以下の性質を証明せよ．
   (a) このサイクルが可逆サイクルである場合，$Q = W = 0$ が成り立つ（ムティエの定理）．
   (b) このサイクルが不可逆サイクルである場合，$W = -Q > 0$ である．

3. 温度 T_2 の低温熱源から Q_2 の熱量を吸収し，温度 T_1 の高温熱源へ Q_1 の熱量を放出する冷凍機がある．1サイクルの間に外部から加わった仕事を W として以下の問に答えよ．ただし，Q_1, Q_2, W はいずれも正とする．
   (a) Q_1, Q_2, W の間にどんな関係が成り立つか．
   (b) この冷凍機が可逆サイクルなら
   $$W = [(T_1/T_2) - 1] Q_2$$
   不可逆サイクルなら
   $$W > [(T_1/T_2) - 1] Q_2$$
   であることを示せ．

4. 図 **5.7** で $T_0 = 1000\,\mathrm{K}$, $T_1 = 500\,\mathrm{K}$, $T_2 = 300\,\mathrm{K}$ とする．$Q_0 = 1\,\mathrm{J}$ のとき，Q_2 は何Jとなるか．

5. 質量 m, 比熱 c の物体の温度を T_1 から T_2 まで可逆的に上昇させたとき，物体のエントロピーはどれだけ増加するか．ただし，c は温度，圧力，体積などに依存しない定数であると仮定する．

6. 一定温度 T をもつ熱源が可逆的に熱量 Q を吸収したとき，熱源のエントロピー増加分は Q/T であることを示せ．

7. 例題9の F から $p = -(\partial F/\partial V)_T$ の式を用いて圧力を計算し，n モルの理想気体に対する状態方程式が導かれることを確かめよ．

8. 独立変数として，T, p をとったとき，マクスウェルの関係式はどのように表されるか．

第6章

分子の熱運動

　ある容器に入れた気体がマクロには静止していても，気体を構成する各分子はミクロに見れば容器内で運動している．この運動を分子運動とか熱運動という．気体分子は互いに衝突したり，容器の壁にぶつかったりして，容器の中を縦横無尽に運動している．その際，ある分子は速く走り，あるものは遅く走り，気体分子の速度はある種の統計分布をもつ．本章では，気体が熱平衡状態にあるとし，また気体分子を質点と仮定して分子の熱運動について学ぶ．

―**本章の内容**―
6.1　気体分子の速度分布
6.2　気体の圧力
6.3　マクスウェルの速度分布則
6.4　各種の平均値
6.5　理想気体の内部エネルギー

6.1 気体分子の速度分布

分布関数 N 個の 1 種類の分子から構成される気体が体積 V の容器に入っているとする．一般には，分子間に力が働くが，ここでは簡単のため分子間に力は働かないとし，気体全体を温度 T に保つとしよう．さらに，気体分子を質点とみなし，分子の回転や振動などの内部自由度はないとする．このような気体分子の速度はある種の統計分布を示すが，それを表すため，N 個の分子の内，座標成分が

$$(x, y, z) \sim (x + dx, y + dy, z + dz) \tag{6.1}$$

の範囲内にあり，また速度成分が

$$(v_x, v_y, v_z) \sim (v_x + dv_x, v_y + dv_y, v_z + dv_z) \tag{6.2}$$

の範囲内にある分子数を

$$f(v_x, v_y, v_z) dx dy dz dv_x dv_y dv_z \tag{6.3}$$

とおく．ただし，分布は空間的に一様であるとし，f は x, y, z によらないとする．この f を分布関数という．

分布関数と平均値 (6.3) をすべての変数につき可能な領域にわたって積分すると N に等しくなる．その際，x, y, z での積分は体積 V を与え，また速度成分はどんな値もとれるから

$$N = V \int_{-\infty}^{\infty} dv_x dv_y dv_z f(v_x, v_y, v_z) \tag{6.4}$$

が得られる．同様に，例えば，分子 1 個あたりの v_x^2 の平均値は

$$\langle v_x^2 \rangle = \frac{V}{N} \int_{-\infty}^{\infty} dv_x dv_y dv_z v_x^2 f(v_x, v_y, v_z) \tag{6.5}$$

と表される．

> ここでは理想気体をとり扱う．

> 分布関数は一般に時間に依存するが体系は熱平衡にあるとしこの依存性は考えない．

> $\langle\ \rangle$ は平均を表す記号である．

6.1 気体分子の速度分布

参考 マクスウェルの仮定　(6.3) 中の分布関数は，本来，統計力学によって決められるべきものである．しかし，その議論は後で行うこととし，ここでは歴史的な順序を追いマクスウェルの考えに従って分布関数を導こう．マクスウェルは 1859 年，分布関数を求めるため，分子の 3 方向の速度成分の分布は違う方向について互いに独立であると仮定した．この仮定は，例えば v_x の分布は v_y の分布と独立であることを表し，数学的には分布関数 $f(v_x, v_y, v_z)$ が

$$f(v_x, v_y, v_z) = g(v_x)\, g(v_y)\, g(v_z) \qquad ①$$

という形に書けることを意味する．

①の仮定から f を求めるため，いまの問題では，どの方向もまったく同等である点に注意する．これは $f(v_x, v_y, v_z)$ が速度ベクトル $\boldsymbol{v}$ の大きさだけ，したがって v^2 だけによることを意味する．これを以下 $f(v^2)$ と書こう．その結果，①は

$$f(v^2) = g(v_x)\, g(v_y)\, g(v_z) \qquad ②$$

と表される．②で $v_y = v_z = 0$ とし，$g(0) = a$ とおけば

$$f(v_x^2) = a^2 g(v_x) \qquad \therefore \quad g(v_x) = a^{-2} f(v_x^2)$$

となり，同様に

$$g(v_y) = a^{-2} f(v_y^2), \quad g(v_z) = a^{-2} f(v_z^2)$$

が得られる．これらの関係を②に代入すると

$$f(v^2) = a^{-6} f(v_x^2) f(v_y^2) f(v_z^2)$$

である．ここで $v_x^2 = \xi$, $v_y^2 = \eta$, $v_z^2 = \zeta$ とおくと，$v^2 = v_x^2 + v_y^2 + v_z^2$ であるから

$$f(\xi + \eta + \zeta) = a^{-6} f(\xi) f(\eta) f(\zeta) \qquad ③$$

となる．これは未知関数 f を決めるべき方程式で，この種の方程式を**関数方程式**という．③を解くため，ξ, ζ を一定にしておき，同式の両辺を η で 2 度微分する．その結果

$$f''(\xi + \eta + \zeta) = a^{-6} f(\xi) f''(\eta) f(\zeta)$$

が得られる．ただし，$''$ は変数に関する 2 回微分を表す．上式で，$\eta = \zeta = 0$ とすれば $f''(\xi) = a^{-6} f(\xi) f''(0) f(0)$ となる．$a^{-3} f''(0)$ は正と仮定し $\alpha^2 = a^{-3} f''(0)$ とおけば f に対する方程式は

$$f''(\xi) = \alpha^2 f(\xi) \qquad ④$$

と表される．

③は関数形を決めるための方程式なので関数方程式と呼ばれる．

③から $f(0) = a^3$ となり $f''(\xi) = a^{-3} f''(0) f(\xi)$ である．

関数方程式の解

④の解は A を任意定数として

$$f(\xi) = Ae^{\pm\alpha\xi} \tag{6.6}$$

と表される．(6.6) で $\alpha > 0$ とすれば，$e^{\alpha\xi}$ は ξ つまり v_x^2 が無限大のとき，無限大になってしまい，物理的に不合理である．そこで，指数関数の肩にある $-$ の符号を採用する．このようにして

$$f(\xi) = Ae^{-\alpha\xi} \tag{6.7}$$

であることがわかった．実際これは③の解であることが証明される（例題 2）．

> $a^{-3}f''(0)$ は正と仮定して (6.6) を導いたが，これが負の場合については例題 1 を参照せよ．

ベクトル記号の導入

ここでベクトル記号を導入し

$$\boldsymbol{r} = (x, y, z) \tag{6.8}$$

$$\boldsymbol{v} = (v_x, v_y, v_z) \tag{6.9}$$

とし，また，(6.1), (6.2)（p.70）の範囲を

$$\boldsymbol{r} \sim \boldsymbol{r} + d\boldsymbol{r}, \quad \boldsymbol{v} \sim \boldsymbol{v} + d\boldsymbol{v} \tag{6.10}$$

と表す．以上の結果をまとめると，N 個の分子の内，位置ベクトル，速度ベクトルが (6.10) の範囲内にある分子数は

$$f(\boldsymbol{v})d\boldsymbol{r}d\boldsymbol{v} = A\exp(-\alpha v^2)d\boldsymbol{r}d\boldsymbol{v} \tag{6.11}$$

で与えられる．ただし，簡単のため，$f(v_x, v_y, v_z)$ を $f(\boldsymbol{v})$ と書き，また

$$d\boldsymbol{r} = dxdydz \tag{6.12}$$

$$d\boldsymbol{v} = dv_x dv_y dv_z \tag{6.13}$$

という記号を導入した．以後，必要に応じて，(6.12), (6.13) のような記号を用いる．

記号に関する注意

(6.10) で $d\boldsymbol{r}, d\boldsymbol{v}$ は微小ベクトルを表す記号で，これらを成分で書くと

$$d\boldsymbol{r} = (dx, dy, dz) \tag{6.14}$$

$$d\boldsymbol{v} = (dv_x, dv_y, dv_z) \tag{6.15}$$

となる．これに対し (6.11) 中の $d\boldsymbol{r}, d\boldsymbol{v}$ は (6.12) または (6.13) で定義される微小体積を意味する．このように同じ記号を使うがとくに混乱の起こることはない．

6.1 気体分子の速度分布

例題 1 $a^{-3}f''(0)$ は負と仮定し $a^{-3}f''(0) = -\beta^2$ とおく．このときの分布関数の振る舞いを考察し，物理的にこの場合は許されないことを示せ．

解 f に対する微分方程式は $f''(\xi) = -\beta^2 f(\xi)$ と表される．この方程式の解は

$$f(\xi) = A \sin(\beta\xi + \theta)$$

と書ける（A, θ は任意定数）．この関数は正負の値をとるが，f は分子数であるから負になることはない．したがって，この場合を除外しなければならない．

例題 2 (6.7) が実際に ③ (p.71) の解であることを示せ．

解 ③ で $\xi = \eta = \zeta = 0$ とおけば $f(0) = a^{-6}f^3(0)$ と書ける．よって，$f(0) \neq 0$ とすれば $a^{-6} = 1/f^2(0)$ と表される．このため ③ は

$$f(\xi + \eta + \zeta) = \frac{f(\xi)f(\eta)f(\zeta)}{f^2(0)}$$

となる．$e^{-\alpha(\xi+\eta+\zeta)} = e^{-\alpha\xi}e^{-\alpha\eta}e^{-\alpha\zeta}$ であることに注意すれば題意の成り立つことがわかる．

(6.7) により $f(0) = A$ である．

═══════ **マクスウェル** ═══════

マクスウェル（1831～1879）はイギリスの物理学者でニュートンと並び称される物理学史上の巨人である．マクスウェルは幼少のころから天才の誉れ高く，14歳で卵形曲線に関する論文を発表し人々を驚かせた．気体分子の速度分布に関するマクスウェルの仮定は1859年に導入されたが，少々後の1864年に現在マクスウェルの方程式と呼ばれる電磁場に関する基礎的な方程式を提唱している．この方程式の1つの結論として，電場，磁場は真空中，光速で波の形で伝わることが予言できる．この波は電磁波で，現在ではラジオ，テレビ，携帯電話などの通信手段として電磁波が利用されるのは説明の必要がないほどである．しかし，電磁波の存在は当時では革新的な考えですぐに世の中に受け入れられたわけではない．電磁波の存在が実験的に検証されるようになってマクスウェル方程式が信頼されるにいたった．マクスウェルはガンのため48歳でなくなったが，せめて60歳まで長生きしていれば，電磁波の実証に遭遇できた．

1888年ドイツの物理学者ヘルツが電磁波の存在を実験的に検証した．

6.2 気体の圧力

A と α に対する条件　(6.11) (p.72) 中の A と α を決めるための1つの条件は，気体分子の全部の数が N ということである．この条件は数学的には (6.4) で与えられ

$$N = V \int_{-\infty}^{\infty} dv_x dv_y dv_z A \exp(-\alpha v^2) \quad (6.16)$$

となる．(6.16) で $v^2 = v_x^2 + v_y^2 + v_z^2$ であるから，同式中の v_x, v_y, v_z に関する積分が独立に実行でき

$$\rho = A \int_{-\infty}^{\infty} dv_x \exp(-\alpha v_x^2)$$
$$\times \int_{-\infty}^{\infty} dv_y \exp(-\alpha v_y^2) \times \int_{-\infty}^{\infty} dv_z \exp(-\alpha v_z^2)$$

と表される．ただし，ρ は**数密度**（単位体積あたりの分子数）で

$$\rho = \frac{N}{V} \quad (6.17)$$

と定義される．ここで，α が正の定数のとき成り立つ次の公式（**ガウス積分**）を利用しよう（例題 3）．

$$\int_{-\infty}^{\infty} dx \exp(-\alpha x^2) = \left(\frac{\pi}{\alpha}\right)^{1/2} \quad (6.18)$$

その結果

$$\rho = A \left(\frac{\pi}{\alpha}\right)^{3/2} \quad (6.19)$$

が得られる．

数密度とロシュミット数　標準状態（1 atm, 0 ℃）にある 1 モルの気体の ρ は

$$\rho = \frac{6.022 \times 10^{23}}{22.4 \times 10^{-3} \, \text{m}^3} = 2.69 \times 10^{25} \, \text{m}^{-3}$$

と計算される．これからわかるように，標準状態にある気体の $1\,\text{cm}^3$ あたりの分子数 ρ_L は

$$\rho_L = 2.69 \times 10^{19} \text{cm}^{-3} \quad (6.20)$$

と書ける．この ρ_L をロシュミット数という．

> 標準状態の気体は $22.4l = 22.4 \times 10^{-3} \, \text{m}^3$ の体積を占めその中にはモル分子数 $N_A = 6.022 \times 10^{23}$ だけの分子が含まれる．

6.2 気体の圧力

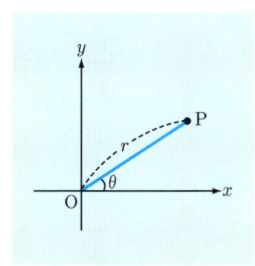

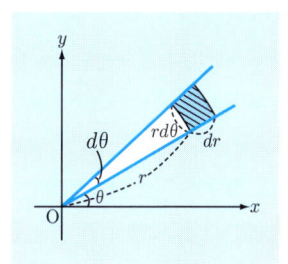

図 6.1 極座標（二次元）　　図 6.2 微小面積

例題 3 平面上の点 P を決める図 6.1 の変数 r, θ を極座標（二次元）という．以下の問に答えよ．
(a) $r \sim r+dr$, $\theta \sim \theta+d\theta$ の領域に対応する微小面積 dS は次式で与えられることを示せ．
$$dS = r\, dr\, d\theta \qquad ⑤$$
(b) I を
$$I = \int_{-\infty}^{\infty} dx \exp(-\alpha x^2) \qquad ⑥$$
と定義する．I^2 を考え，ガウス積分を計算せよ．

解　(a) dS は図 6.2 の斜線部分の面積に等しい．この部分は近似的に 1 辺の長さがそれぞれ $dr, r\,d\theta$ の長方形とみなせるので ⑤ が導かれる．

(b) I^2 を全平面にわたる積分とみなし，極座標を適用すると
$$
\begin{aligned}
I^2 &= \int_{-\infty}^{\infty} dx\,dy \exp\left[-\alpha(x^2+y^2)\right] \\
&= \int_0^{2\pi} d\theta \int_0^{\infty} dr\, r \exp(-\alpha r^2) \\
&= 2\pi \left[-\frac{1}{2\alpha}\exp(-\alpha r^2)\right]_0^{\infty} = \frac{\pi}{\alpha}
\end{aligned}
$$
となる．これから次の結果が得られる．
$$\int_{-\infty}^{\infty} dx \exp(-\alpha x^2) = \left(\frac{\pi}{\alpha}\right)^{1/2} \qquad ⑦$$

補足　積分値　上式を α で偏微分すると次のようになる．
$$\int_{-\infty}^{\infty} dx\, x^2 \exp(-\alpha x^2) = \frac{\pi^{1/2}}{2\alpha^{3/2}} \qquad ⑧$$

$I > 0$ であることに注意し I^2 の平方根をとる．

圧力の計算 (6.19) (p.74) はとにかく A と α に対する 1 つの条件だが，両者を決めるにはもう 1 つの条件が必要である．その条件を求めるため，気体の示す圧力を計算しよう．気体を入れた容器の微小部分を考え，それは平面とみなしてよいとする．この平面に垂直な方向に x 軸，平面内に y, z 軸をとって，$x > 0$ が容器の外，$x < 0$ が容器の中に対応するよう座標系を選ぶ（図 6.3, 図 6.4）．気体分子は容器の壁に衝突し跳ね返されるが，この衝突は完全に弾性的であるとする．その結果，気体分子の質量を m とすれば，衝突前後における x 方向の運動量の増加分は $-2mv_x$ である．なお，y, z 方向では運動量変化はない．運動量の増加は力積に等しいから，分子は x 軸に沿い負の向きの力を壁から受ける．作用反作用の法則により，逆に分子は正の向きに（壁を押す向きに）力を及ぼし，この力が気体の示す圧力の原因となる．

> 衝突が弾性的だと衝突前の分子の速度 v，衝突後の v' に対し $v'_x = -v_x$, $v'_y = v_y$, $v'_z = v_z$ が成り立つ．

図 6.4 に示すように，平面上に微小面積 dS をとり，dS を底とし $\boldsymbol{v}$ の方向に伸びた円筒状の立体を考える．この立体中にある速度 $\boldsymbol{v}$ の分子は，単位時間中に必ず容器の壁と衝突する．この立体の体積は $v_x dS$ であるから，この立体中にあり，速度が $\boldsymbol{v}$ と $\boldsymbol{v} + d\boldsymbol{v}$ との間にある分子数は (6.11) (p.72) により

$$A v_x dS \exp(-\alpha v^2) d\boldsymbol{v} \tag{6.21}$$

である．これらの分子は衝突の際，x 方向に $-2mv_x$ だけ運動量の変化を受ける．よって，単位時間中に受ける全体の運動量変化 dP は次のように書ける．

$$dP = -2mA dS \int_0^\infty dv_x \int_{-\infty}^\infty dv_y dv_z v_x^2 \exp(-\alpha v^2) \tag{6.22}$$

> 分子が壁と衝突するには $v_x > 0$ の条件が必要である．このため (6.22) の v_x に関する積分範囲は 0 から ∞ となる．

上式を利用すると圧力 p は

$$p = \frac{mA}{2\alpha} \left(\frac{\pi}{\alpha}\right)^{3/2} \tag{6.23}$$

と計算される（例題 4）．

6.2 気体の圧力

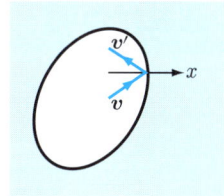

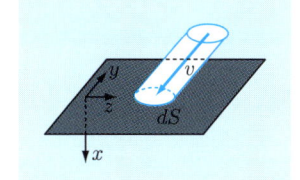

図 6.3 分子と壁との衝突

図 6.4 圧力の計算

例題 4 圧力に対する (6.23) を導け．

解 (6.22) は dS の微小面積に単位時間の間に衝突するすべての分子の運動量変化を表す．一方，単位時間あたりの運動量変化は力に等しいので，(6.22) は dS 部分が気体に及ぼす力を表す．圧力 p はこの力の大きさを単位面積あたりに換算したものであるから，結局 $p = -dP/dS$ となり，p は

$$p = 2mA \int_0^\infty dv_x v_x^2 \exp(-\alpha v_x^2)$$
$$\times \left[\int_{-\infty}^\infty dv_y \exp(-\alpha v_y^2) \right]^2 \quad \text{⑨}$$

と表される．⑧左辺の被積分関数が x の偶関数であることに注意すれば

$$\int_0^\infty dx\, x^2 \exp(-\alpha x^2) = \frac{\pi^{1/2}}{4\alpha^{3/2}} \quad \text{⑩}$$

と表される．(6.18)（p.74）および⑩を利用すると

$$p = 2mA \frac{\pi^{1/2}}{4\alpha^{3/2}} \frac{\pi}{\alpha} = \frac{mA}{2\alpha} \left(\frac{\pi}{\alpha} \right)^{3/2} \quad \text{⑪}$$

となり (6.23) が導かれる．

例題 5 圧力は数密度 ρ を導入すると次のように書けることを示せ．

$$p = \frac{m\rho}{2\alpha} \quad \text{⑫}$$

解 ⑪に (6.19) から得られる $A(\pi/\alpha)^{3/2} = \rho$ を代入すれば⑫が導かれる．

dP は分子の受ける運動量変化なので分子が壁に及ぼす力を求めるには符号を逆転させる必要がある．

6.3 マクスウェルの速度分布則

定数 α の意味 　α の物理的な意味を調べるため，1 モルの理想気体を考えると，その状態方程式は

$$pV = RT \tag{6.24}$$

で与えられる．⑫ (p.77) と (6.24) から

$$\frac{m\rho}{2\alpha} = \frac{RT}{V} \tag{6.25}$$

となる．モル分子数を N_A とすれば $\rho = N_A/V$ と書けるので (6.25) により α は

$$\alpha = \frac{mN_A}{2RT} \tag{6.26}$$

と表される．気体定数 R を N_A で割ったものをボルツマン定数といい，k_B と記す．すなわち

$$k_B = \frac{R}{N_A} \tag{6.27}$$

である．(6.27) を使うと (6.26) は

$$\alpha = \frac{m}{2k_B T} \tag{6.28}$$

と書ける．また，(6.28) を (6.19) (p.74) に代入し A を解くと

$$A = \rho \left(\frac{m}{2\pi k_B T}\right)^{3/2} \tag{6.29}$$

となる．

マクスウェルの速度分布則 　これまでの結果をまとめると，$r \sim r + dr$, $v \sim v + dv$ の範囲内にある分子数 $f(v) dr dv$ は

$$f(v) dr dv = \rho \left(\frac{m}{2\pi k_B T}\right)^{3/2} \exp\left(-\frac{mv^2}{2k_B T}\right) dr dv \tag{6.30}$$

で与えられる．このような分布則をマクスウェルの速度分布則という．また，このような速度分布をマクスウェル分布という．

> いま考えている分子運動は理想気体に相当する（例題 6）．

> k_B の添字 $_B$ はボルツマンの頭文字を意味する．

6.3 マクスウェルの速度分布則

参考 ボルツマン定数 ここでボルツマン定数の数値を求めておく．R, N_A の数値を (6.27) に代入すると k_B は

$$k_B = \frac{8.31}{6.02 \times 10^{23}} \frac{J}{K} = 1.38 \times 10^{-23} \, J/K \qquad ⑬$$

と計算される．(6.30) からわかるようにように，ボルツマン定数は $1/k_B T$ という一塊となって方程式の中に現れる．このためよく

$$\beta = \frac{1}{k_B T} \qquad ⑭$$

という記号を導入する．以後，とくに断らない限り β は⑭を意味するものとする．また，分子の運動エネルギーを e とすれば

$$e = \frac{mv^2}{2} \qquad ⑮$$

であるから，(6.30) 中の指数関数は $e^{-\beta e}$ と書ける．これはボルツマン因子と呼ばれ統計力学で重要な役割を演じる．

余白: $R = 8.31 \, J/mol \cdot K$, $N_A = 6.02 \times 10^{23} \, mol^{-1}$

余白: ボルツマン定数は分子運動論や統計力学に現れる重要な物理定数である．

補足 理想気体の状態方程式 理想気体の状態方程式を k_B と N で表しておく．n モルの気体中の分子数 N は $N = nN_A$ と書け，状態方程式は $pV = nRT$ であるから

$$pV = N \frac{R}{N_A} T$$

と表される．(6.27) により次の状態方程式が得られる．

$$pV = N k_B T \qquad ⑯$$

例題 6 これまでの気体分子の扱いは理想気体を対象としていることに相当する．その理由について述べよ．

解 圧力の計算として，気体分子の運動量変化だけを考え，分子間に働く力は無視してきた．そのため，これまでの議論は理想気体を対象とするものになる．

余白: 現実の気体では分子と分子との間に力（分子間力）が働く．

=== ボルツマン ===

ボルツマンについては 5.2 節で簡単に紹介したが，分子運動論，統計力学の分野で重要な業績を残した．マクスウェルの気体分子運動論を発展させて速度分布則のより厳密な証明を得ようと努力した．マクスウェル分布を一般化したマクスウェル・ボルツマン分布について第 8 章で学ぶ．ボルツマンは 1906 年，62 歳で神経衰弱のため自殺した．

6.4 各種の平均値

速度空間　分子の速度分布を考えるとき v_x, v_y, v_z を直交座標軸とするような空間を導入すると便利である．これを速度空間という．分子の空間的な分布を問題にしない場合には，(6.30)(p.78)を r で積分すればよい．その結果，速度空間中の $\boldsymbol{v} \sim \boldsymbol{v} + d\boldsymbol{v}$ の範囲内にある分子数は

$$N\left(\frac{m}{2\pi k_\mathrm{B} T}\right)^{3/2} \exp\left(-\frac{mv^2}{2k_\mathrm{B} T}\right) d\boldsymbol{v} \qquad (6.31)$$

と表される．全体で N 個の分子が存在するので，(6.31)を N で割ると1個の分子に対する確率が得られる．すなわち，分子が速度空間中の $\boldsymbol{v} \sim \boldsymbol{v} + d\boldsymbol{v}$ の範囲内に見いだされる確率 $p(\boldsymbol{v})d\boldsymbol{v}$ は次のように書ける．

$$p(\boldsymbol{v})d\boldsymbol{v} = \left(\frac{m}{2\pi k_\mathrm{B} T}\right)^{3/2} \exp\left(-\frac{mv^2}{2k_\mathrm{B} T}\right) d\boldsymbol{v} \quad (6.32)$$

> (6.30) を r で積分すると体積 V が現れ $V\rho = N$ となる．

物理量の平均値　物理量が $\boldsymbol{v}$ の関数 $g(\boldsymbol{v})$ で記述される場合，その平均値は

$$\langle g(\boldsymbol{v}) \rangle = \int g(\boldsymbol{v}) p(\boldsymbol{v}) d\boldsymbol{v} \qquad (6.33)$$

で与えられる．ただし，積分は全速度空間にわたって行われる（例題7）．

> 〈 〉は平均を表す記号である．

　例えば，v^p の平均値 $\langle v^p \rangle$ を考えてみる．ここで，v は気体分子の速さ，また p はさしあたり任意の実数とする．(6.32), (6.33) により $\langle v^p \rangle$ は

$$\langle v^p \rangle = \left(\frac{m}{2\pi k_\mathrm{B} T}\right)^{3/2} \int v^p \exp\left(-\frac{mv^2}{2k_\mathrm{B} T}\right) d\boldsymbol{v}$$

と表される．上式中の被積分関数は速度空間の原点に関して球対称であるから，$d\boldsymbol{v} = 4\pi v^2 dv$ としてよい（図6.5）．すなわち $\langle v^p \rangle$ は次式のように表される．

$$\left(\frac{m}{2\pi k_\mathrm{B} T}\right)^{3/2} 4\pi \int_0^\infty v^{p+2} \exp\left(-\frac{mv^2}{2k_\mathrm{B} T}\right) dv$$

6.4 各種の平均値

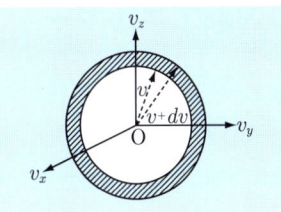

速度空間で $v \sim v+dv$ の領域（斜線部分）を考えると球の表面積は $4\pi v^2$ であるから斜線部分の体積は $4\pi v^2 dv$ となる.

図 6.5 $v \sim v+dv$ の部分

例題 7 (6.33) を導け.

解 ある事象 i が実現する確率を p_i, このとき変数 g がとる値を g_i とする. 変数 g の平均値（期待値）は

$$\langle g \rangle = \sum g_i p_i$$

と書ける. i を $\boldsymbol{v}$ とみなし, i に関する和を速度空間での積分とすれば (6.33) が導かれる.

参考 $\langle v^p \rangle$ の計算　左ページの最下段の v に関する積分を求めるため, 積分変数を v から

$$x = \frac{mv^2}{2k_\mathrm{B}T}, \quad v = \left(\frac{2k_\mathrm{B}T}{m}\right)^{1/2} x^{1/2}$$

$$dv = \left(\frac{2k_\mathrm{B}T}{m}\right)^{1/2} \frac{x^{-1/2}}{2} dx$$

で与えられる x へと変換する. その結果 $\langle v^p \rangle$ は

$$\left(\frac{2k_\mathrm{B}T}{m}\right)^{p/2} \frac{2}{\pi^{1/2}} \int_0^\infty x^{(p+1)/2} e^{-x} dx \qquad ⑰$$

となる. この式に現れる x に関する積分は**ガンマ関数**で表される. 一般に, s を正の実数とするとき

$$\Gamma(s) = \int_0^\infty x^{s-1} e^{-x} dx \quad (s > 0) \qquad ⑱$$

で定義される $\Gamma(s)$ をガンマ関数という. この関数を使うと

$$\langle v^p \rangle = \frac{2}{\pi^{1/2}} \Gamma\left(\frac{p+3}{2}\right) \left(\frac{2k_\mathrm{B}T}{m}\right)^{p/2} \qquad ⑲$$

が得られる. Γ 関数の性質については演習問題で論じるが, 特別な場合として以下のような関係が成り立つ.

$$\Gamma(2) = 1, \quad \Gamma(5/2) = 3\pi^{1/2}/4$$

サイコロをふるとき出てくる目の数の平均値は $(1/6) \times (1+2+3+4+5+6) = 21/6 = 3.5$ となる.

$s > 0$ という条件は積分が収束するため必要である. このため ⑲ から $p > -3$ であることがわかる.

6.5 理想気体の内部エネルギー

理想気体の力学的エネルギー　理想気体では分子のもつ内部自由度（分子の回転や振動）を無視すれば，分子の力学的エネルギーは運動エネルギーだけである．そこで分子に適当な番号をつけたとし，j 番目の分子の運動エネルギーを $e^{(j)}$ と書く．そうすると，考慮中の気体は N 個の分子から構成されているとしたから，気体全体の力学的エネルギー E は

$$E = e^{(1)} + e^{(2)} + \cdots + e^{(N)} \tag{6.34}$$

と書ける．E の平均値が内部エネルギー U を表し

$$\begin{aligned}U &= \langle E \rangle \\ &= \langle e^{(1)} \rangle + \langle e^{(2)} \rangle + \cdots + \langle e^{(N)} \rangle\end{aligned} \tag{6.35}$$

となる．$\langle e^{(j)} \rangle$ は j によらないので，上式から

$$U = N \langle e \rangle \tag{6.36}$$

が得られる．

分子のエネルギーの平均値　1つの分子の運動エネルギー e は⑮で与えられ，$\langle e \rangle = (m/2)\langle v^2 \rangle$ と書ける．⑲を利用すると

$$\langle v^2 \rangle = \frac{3k_\mathrm{B} T}{m} \tag{6.37}$$

と計算され（例題8），$\langle e \rangle$ は

$$\langle e \rangle = \frac{3k_\mathrm{B} T}{2} \tag{6.38}$$

と表される．気体分子の運動が x, y, z 方向で同等であることに注意すると

$$\left\langle \frac{mv_x^2}{2} \right\rangle = \left\langle \frac{mv_y^2}{2} \right\rangle = \left\langle \frac{mv_z^2}{2} \right\rangle = \frac{k_\mathrm{B} T}{2} \tag{6.39}$$

が導かれる（例題9を参照せよ）．これからわかるように，気体分子の運動エネルギーの平均値は，1つの自由度あたり $k_\mathrm{B}T/2$ ずつ等分に分配される．この結果を**エネルギー等分配則**という．

理想気体の場合，分子間の力は無視できる．

ミクロな力学的エネルギーの平均値がマクロな内部エネルギーである．このような考え方は統計力学でよく使われる．

e は速度の x, y, z 成分により $e = (m/2)(v_x^2 + v_y^2 + v_z^2)$ と書ける．

6.5 理想気体の内部エネルギー

例題 8 マクスウェルの速度分布則を利用して $\langle v^2 \rangle$ を計算せよ．

解 ⑲で $p=2$ とおけば

$$\langle v^2 \rangle = \frac{2}{\pi^{1/2}} \Gamma\left(\frac{5}{2}\right)\left(\frac{2k_B T}{m}\right)$$

と書ける．演習問題で論じる Γ 関数の性質を利用すると

$$\Gamma\left(\frac{5}{2}\right) = \frac{3}{2}\Gamma\left(\frac{3}{2}\right) = \frac{3}{2} \cdot \frac{1}{2}\Gamma\left(\frac{1}{2}\right) = \frac{3}{4}\pi^{1/2}$$

となり，上の両式から (6.37) が得られる．

例題 9 分子運動が x, y, z 方向で同等であることを利用して (6.39) の関係を導け．

解 運動が x, y, z 方向で同等である点から $\langle v_x^2 \rangle = \langle v_y^2 \rangle = \langle v_z^2 \rangle$ が成り立つ．一方，$v_x^2 + v_y^2 + v_z^2 = v^2$ である．両者の関係から

$$\langle v_x^2 \rangle = \langle v_y^2 \rangle = \langle v_z^2 \rangle = \frac{1}{3}\langle v^2 \rangle$$

となり，(6.38) を使い (6.39) が得られる．

参考 **熱速度** (6.37) の平方根をとり

$$v_t = \left(\frac{3k_B T}{m}\right)^{1/2} \qquad ⑳$$

で定義される v_t を熱速度という．v_t は気体分子がどれくらいの速さで運動しているかに関する 1 つの目安を与える．その値は気体分子の種類，温度によって異なるが，常温では大体数 100 ないし数 1000 m/s の程度であると考えてよい．

> 添字 t は thermal の頭文字をとったものである．

例題 10 27 °C におけるヘリウム原子の熱速度は何 m/s か．

解 通常のヘリウムの原子量は 4 g でその中にモル分子数 $N_A = 6.02 \times 10^{23}$ 個のヘリウム原子が含まれる．したがって，ヘリウム原子 1 個の質量 m は

$$m = \frac{4}{6.02 \times 10^{23}} \text{ g} = 6.64 \times 10^{-24} \text{ g} = 6.64 \times 10^{-27} \text{ kg}$$

である．$k_B = 1.38 \times 10^{-23}$ J/K，$T = 300$ K を ⑳ に代入し

$$v_t = \sqrt{\frac{3 \times 1.38 \times 10^{-23} \times 300}{6.64 \times 10^{-27}}} \frac{\text{m}}{\text{s}} = 1.37 \times 10^3 \text{ m/s}$$

と計算される．

> ヘリウム気体は単原子から構成される．^{3}He と ^{4}He という同位体があるが，天然のヘリウムは ^{4}He である．

定積モル比熱 1モルの気体を考えると，その分子数はモル分子数 N_A に等しい．したがって，(6.36) (p.82) 中の N を N_A で置き換え，(6.38) (p.82) を代入すると

$$U = \frac{3k_B N_A T}{2} \qquad (6.40)$$

となる．一方，$k_B N_A = R$ が成り立つので，1モルの理想気体の内部エネルギーは

$$U = \frac{3R}{2}T \qquad (6.41)$$

で与えられる．(6.41) からわかるように，理想気体の内部エネルギーは温度だけに依存し体積には依存しない．熱力学ではこれを1つの仮定としたが，分子運動論の立場ではそれが立証されたことになる．

定積モル比熱は $C_v = (\partial U/\partial T)_V$ と書けるので，(6.41) から

$$C_v = \frac{3}{2}R \qquad (6.42)$$

が得られる．この結果は実験結果ともよく一致する（例題11）．

定圧モル比熱 マイヤーの関係 (4.7) (p.40) を利用すると，理想気体の定圧モル比熱は

$$C_p = \frac{5}{2}R \qquad (6.43)$$

となる．例題11で学ぶように (6.42), (6.43) は実験結果とよく一致する．

多原子分子の場合 (6.42), (6.43) を導く際，気体分子は内部自由度をもたず，分子の振動や回転はないと仮定してきた．単原子分子の場合にはそれでもよい．しかし，例えば二原子分子では原子間の距離は一定としてよいが分子の回転が起こる．エネルギー等分配則を一般化し，1つの自由度あたり $k_B T/2$ のエネルギーが分配されるとすれば多原子分子の気体を扱うことができる．

---

n モルの理想気体の内部エネルギーは

$$U = \frac{3nR}{2}T$$

と書ける．

統計力学の立場から第9章で分子の回転を論じる．

6.5 理想気体の内部エネルギー

例題 11 (6.42), (6.43) を利用してヘリウム気体の C_v, C_p を求め，表 4.1 (p.41) の結果と比較せよ．

解 (3.7) で与えられる R の値 $R = 8.31 \text{J/mol·K}$ を (6.42), (6.43) に代入すると

$$C_v = 12.47 \, \text{J/mol·K}, \quad C_p = 20.78 \, \text{J/mol·K}$$

が得られる．表 4.1 と比べると，C_v, C_p の場合の誤差はそれぞれ 1.4 %, 0.2 %である．

参考 分子の自由度と比熱比　1個の気体分子の自由度を f とし，エネルギー等分配則を適用すると1個の分子のエネルギーの平均値は $f k_B T / 2$ となる．このため1モルあたりの内部エネルギー，定積モル比熱はそれぞれ $U = fRT/2$, $C_v = fR/2$ と表される．一方，マイヤーの関係 $C_p - C_v = R$ を利用すると定圧モル比熱は $C_p = (f+2)R/2$ と書ける．したがって，比熱比 $\gamma = C_p/C_v$ は

$$\gamma = \frac{f+2}{f} \qquad ㉑$$

で与えられる．単原子分子では $f=3$ なので $\gamma = 5/3$ となる．また，二原子分子の場合には，原子間の距離は一定であると考えられ，このため $f=5$ となり，γ として $\gamma = 7/5$ が得られる．これらの結果は表 4.1 の実験値と一致する．

(6.42), (6.43) に $R = 1.98 \, \text{cal/mol·K}$ を代入すると $C_v \simeq 3 \, \text{cal/mol·K}$, $C_p \simeq 5 \, \text{cal/mol·K}$ となり覚えやすい値となる．

=== 断熱過程 ===

比熱比 γ は断熱過程を記述するとき現れる．等温過程は直観的に理解しやいが，断熱過程も日常生活でしばしば経験される．小型のガスボンベは，虫よけ，ライターの燃料，殺虫剤，ペンキの塗布，携帯用のガスコンロなどに使われるが，ガスは急激に噴出されるので，ガスを出すときは断熱変化と考えてよい．このような断熱膨張では温度の低下が観測される．また，夏の暑い日に入道雲（積乱雲）がよく見られる（図 6.6）．これも断熱過程の一例である．強い日光の直射を受けて温度の上がった空気は軽くなって上昇していく．上空になるほど気圧は低いので，空気は膨張する．大量の空気が膨張すれば，断熱膨張とみなせるので温度が下がる．空気中には水蒸気が含まれているので，空気の温度が下がると，水蒸気は液化して水滴となり，これが雲として観測される．

図 6.6　入道雲

演習問題 第6章

1. 温度 T, 数密度 ρ の理想気体を入れた容器に面積 dS の小さな孔をあけたと仮定する．この孔を通って単位時間あたりの外に飛び出す分子数 J を求めよ．

2. 標準状態（$0\,°C, 1\,atm$）に置かれたヘリウム気体を入れた容器に $2\,mm^2$ の面積をもつ小さな孔をあけた．この孔から出てくるヘリウム原子の数は1秒あたり何個か．また，1秒あたり何 g のヘリウムが外に出るか．

3. 分子の速さが $v \sim v+dv$ の範囲内にある確率を $F(v)dv$ として，以下の問に答えよ．
    (a) $F(v)$ を求めその概略を図示せよ．
    (b) $F(v)$ は $v = (2k_B T/m)^{1/2}$ で最大になることを示せ．

4. 単原子の理想気体を考え，その運動エネルギーが e と $e+de$ との間にあるような確率を $G(e)de$ とする．$G(e)$ を求め，その概略を図示せよ．また，$G(e)$ が最大となるような e の値を計算せよ．

5. 気体分子の速さの平均値 $\langle v \rangle$ を求めよ．$\langle v \rangle / v_t$ は無次元の量になるはずである．その値はどのように表されるか．

6. Γ 関数に関する次の性質を証明せよ．
    (a) $\Gamma(s+1) = s\Gamma(s)$
    (b) $\Gamma(n) = (n-1)!$ $(n = 1, 2, 3, \cdots)$
    (c) $\Gamma\left(\dfrac{1}{2}\right) = \pi^{1/2}$

7. 気体分子に対する次の平均値を求めよ．
    (a) $\langle v^5 \rangle$ (b) $\langle v^3 v_x^2 \rangle$

8. $100\,°C$ における酸素気体分子の熱速度は何 m/s か．酸素分子の運動の自由度は5であるとして計算せよ．

9. 三原子分子の運動の自由度 f は一般的には $f = 6$, もし三原子が一直線上にある場合には $f = 5$ であることを示せ．ただし，各原子間の距離は一定であると仮定する．

第7章

統計力学の基本的な考え方

　本章では，熱平衡にあるほとんど独立な粒子の集団に着目し，古典力学に基づく統計力学の基本的な考え方について学ぶ．準備として一次元調和振動子，箱の中の自由粒子を例に解析力学の初歩を習得する．体系の運動状態を記述する位相空間を考え，統計力学の基本であるエルゴード仮説を導入する．ただし，体系を構成する粒子は古典力学の法則に従って運動するものとするので，このような古典力学に基づく統計力学を古典統計力学という．

---本章の内容---
7.1　解析力学入門
7.2　位 相 空 間
7.3　ほとんど独立な粒子の集まり
7.4　エルゴード仮説

7.1 解析力学入門

前章で述べた分子運動論は,例えば分子が回転するときとか分子間に力が働くような場合に適用することはできない.そのような一般的な体系をとり扱うのが統計力学で,話の順序とし解析力学の初歩を学んでいこう.

一次元調和振動子 力学の簡単な例として,図7.1のようにOを原点とするx軸上を運動する質量mの質点を考える.この質点に力$-m\omega^2 x$が働くとすれば,質点に対するニュートンの運動方程式は

$$m\ddot{x} = -m\omega^2 x \tag{7.1}$$

> 質点の座標をx,運動量をpとする.pは$p = m\dot{x}$と書ける.ただし,上に付けた点は時間に関する微分を意味する.解析力学では変数として速度のかわりに運動量を考える.

と書ける.この場合,質点は原点Oを中心とする**角振動数**ωの**単振動**を行い,xは時間tの関数として

$$x = A\sin(\omega t + \alpha) \tag{7.2}$$

と表される.この体系を一次元調和振動子という(Aは**振幅**,αは**初期位相**).系の力学的エネルギーeは力学的エネルギー保存則により一定となる(例題1).

箱の中の自由粒子 一辺の長さLの立方体(図7.2)の箱に閉じこめられた粒子(質量m)があり,それには外力は働かないとする.この粒子が壁と衝突するとき,その衝突は完全に弾性的で,またなめらかとする.すなわち,6.2節と同様,衝突の際,接線方向の速度成分は変わらず,法線方法では向きだけが変わり速度成分の大きさは変わらないとする.運動はx, y, z方向で独立であるが,粒子の運動量$\boldsymbol{p}$を各成分で表し

> 粒子の速度をvとすれば運動量は$p = mv$と書ける.

$$\boldsymbol{p} = (p_x, p_y, p_z) \tag{7.3}$$

と書く.また,粒子の力学的エネルギーeは

$$e = \frac{\boldsymbol{p}^2}{2m} \tag{7.4}$$

と表される.理想気体はこのような自由粒子の集まりである.

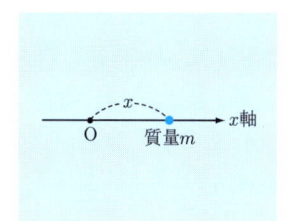

7.1 解析力学入門

図 7.1 x 軸上の質点

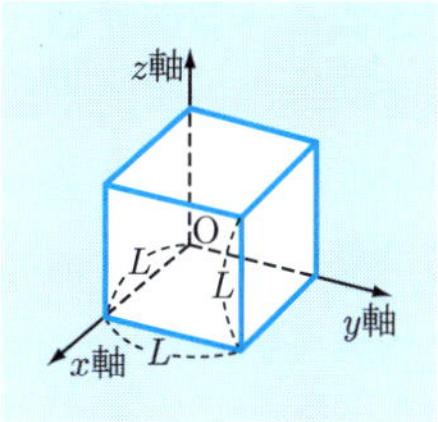

図 7.2 立方体

> **例題 1** 一次元調和振動子の力学的エネルギー e は運動エネルギー $p^2/2m$ と位置エネルギー $m\omega^2 x^2/2$ との和で
> $$e = \frac{p^2}{2m} + \frac{m\omega^2 x^2}{2} \qquad ①$$
> と書ける．e は時間によらない定数であることを示せ．

解 (7.2) から運動量 p を計算すると
$$p = m\dot{x} = mA\omega \cos(\omega t + \alpha)$$
である．したがって
$$\begin{aligned} e &= \frac{mA^2\omega^2 \cos^2(\omega t + \alpha)}{2} + \frac{mA^2\omega^2 \sin^2(\omega t + \alpha)}{2} \\ &= \frac{mA^2\omega^2}{2} \qquad ② \end{aligned}$$
が得られ，e は定数となる．

参考 ハミルトニアン 力学的エネルギーを座標 x，運動量 p の関数として表したものをハミルトニアンという．ハミルトニアンを $H(x, p)$ とすれば，質点の運動を表す方程式は
$$\dot{x} = \frac{\partial H}{\partial p}, \quad \dot{p} = -\frac{\partial H}{\partial x} \qquad ③$$
と書ける．③ を**ハミルトンの正準運動方程式**という．① のハミルトニアンに対し ③ は
$$\dot{x} = \frac{p}{m}, \quad \dot{p} = -m\omega^2 x \qquad ④$$
と書けることがわかる．④ の左式を時間で微分し，右式を代入すればニュートンの運動方程式が導かれ，ハミルトニアンの正準運動方程式はニュートンの運動方程式と等価であることが確かめられる．

運動エネルギーは $mv^2/2 = p^2/2m$ と表される．

$\cos^2 x + \sin^2 x = 1$ である．

e を**振動のエネルギー**という場合がある．

ハミルトニアンはイギリスの物理学者ハミルトン (1805〜1865) にちなんで命名された．

> 図 6.1（p.75）の二次元の極座標は一種の一般座標である．

一般座標と一般運動量

ここで，上のような振動子に限らず一般の力学的な体系の解析力学を考えよう．運動の自由度を f とし，各粒子の位置を決める座標（直交座標とは限らない）を $q_1, q_2, \cdots, q_f$ とする．このような座標を一般座標という．体系の全運動エネルギーを K，全位置エネルギーを U としたとき

$$L = K - U \tag{7.5}$$

で定義される L をラグランジアンという．L は $\dot{q}_1, \dot{q}_2, \cdots, \dot{q}_f$ および $q_1, q_2, \cdots, q_f$ の関数である．また

> ラグランジアンの命名は，解析力学の創始者ラグランジュ（1736〜1813）に由来する．

$$p_j = \frac{\partial L}{\partial \dot{q}_j} \tag{7.6}$$

の p_j を q_j に共役な一般運動量という．さらに

$$H(q, p) = \sum_j p_j \dot{q}_j - L \tag{7.7}$$

とおく．すなわち，上式右辺を $q_1, q_2, \cdots, q_f, p_1, p_2, \cdots, p_f$ の関数として表したものを H と書きこれを**ハミルトニアン**という．

ハミルトニアンと力学的なエネルギー

1つの粒子の運動エネルギーはその粒子の速度の2乗に比例するが，これを一般化すると，体系全体の運動エネルギー K は

$$K = \frac{1}{2} \sum_{jk} a_{jk} \dot{q}_j \dot{q}_k \tag{7.8}$$

という $\dot{q}_1, \dot{q}_2, \cdots, \dot{q}_f$ の二次形式で表される（演習問題1参照）．ただし，(7.8) に現れる係数 a_{jk} には次式のような

$$a_{jk} = a_{kj} \tag{7.9}$$

の対称性が成立する．a_{jk} は $q_1, q_2, \cdots, q_f$ の関数で $\dot{q}_1, \dot{q}_2, \cdots, \dot{q}_f$ に依存しない．このような前提で

> (7.8) が成り立つとき，ハミルトニアンは体系全体のもつ力学的エネルギーに等しい．

$$H(q, p) = K + U = E \tag{7.10}$$

であることがわかる（例題3）．ここで E は全運動エネルギーと全位置エネルギーの和で体系の力学的エネルギーを表す．

参考 **一般の正準運動方程式** 一般の体系に対するハミルトンの正準運動方程式は③（p.89）を一般化した

$$\dot{q}_j = \frac{\partial H}{\partial p_j}, \quad \dot{p}_j = -\frac{\partial H}{\partial q_j} \quad (j = 1, 2, \cdots, f) \quad ⑤$$

という関係で与えられる．

例題 2 質点の x 座標を一般座標とみなし，一次元調和振動子のラグランジアン，ハミルトニアンを求めよ．

解 K, U はそれぞれ

$$K = \frac{m\dot{x}^2}{2}, \quad U = \frac{m\omega^2 x^2}{2}$$

と書けるから，ラグランジアン L は

$$L = \frac{m\dot{x}^2}{2} - \frac{m\omega^2 x^2}{2} \quad ⑥$$

と表される．x と $\dot{x}$ が独立変数であると考え，⑥を $\dot{x}$ で偏微分すると一般運動量 p は

$$p = m\dot{x} \quad ⑦$$

となる．⑦から $\dot{x}$ は $\dot{x} = p/m$ と表されるので，(7.7) の定義式を用いるとハミルトニアン $H(x, p)$ は

$$\begin{aligned} H &= p\dot{x} - L = \frac{p^2}{m} - \frac{p^2}{2m} + \frac{m\omega^2 x^2}{2} \\ &= \frac{p^2}{2m} + \frac{m\omega^2 x^2}{2} \quad ⑧ \end{aligned}$$

と計算される．⑧のハミルトニアンは①（p.89）の力学的エネルギーと一致する．

⑦は通常の運動量に対する結果である．

例題 3 体系の全運動エネルギーが (7.8) のように書けるとき，ハミルトニアンは体系の全力学的エネルギーと等しいことを証明せよ．ただし，U は $\dot{q}_1, \dot{q}_2, \cdots, \dot{q}_f$ によらないとする．

解 (7.8) を $\dot{q}_j$ で偏微分し，(7.9) の対称性を利用すると

$$p_j = \frac{\partial L}{\partial \dot{q}_j} = \frac{\partial K}{\partial \dot{q}_j} = \frac{1}{2}\sum_k a_{jk}\dot{q}_k + \frac{1}{2}\sum_k a_{kj}\dot{q}_k = \sum_k a_{jk}\dot{q}_k$$

となる．これを (7.7) に代入すれば次のように表される．

$$H = \sum_{jk} a_{jk}\dot{q}_j\dot{q}_k - L = 2K - (K - U) = K + U = E$$

U が $\dot{q}_1, \dot{q}_2, \cdots, \dot{q}_f$ に依存するような場合，H は力学的エネルギーに等しいとは限らない．

7.2 位相空間

位相空間での軌道　一次元調和振動子の運動状態を記述するには，ある瞬間における x, p を指定すればよい．一般に，位置と運動量とを座標とする空間（いまの場合は平面）を**位相空間**または **μ 空間**という．① (p.89) で e は一定であるから，μ 空間内の軌道は楕円となる（図7.3）．④ (p.89) の左式から $p > 0$ なら $\dot{x} > 0$, $p < 0$ なら $\dot{x} < 0$ であることがわかるので，時間が経つにつれ，xp 面上の点は，図7.3で示した軌道を矢印の向きに運動する．このような点は一次元振動子の運動状態を代表するものであるから**代表点**と呼ばれる．e の値は初期条件で決まる．力学的エネルギー保存則により e は運動の定数であるため，e の値を指定すると代表点はそれに相当する①で与えられる楕円上を運動する．

　図7.2で示した立方体中の自由粒子の運動状態を決めるには x, y, z, p_x, p_y, p_z という6個の変数を指定しなければならない．この場合，位相空間は六次元空間となる．しかし，x, y, z 方向の運動は独立であるから，(x, p_x), (y, p_y), (z, p_z) というペアに分けて考えることができる．例えば，x と p_x のペアをとるとこの位相空間中の代表点の軌道は図7.4のように表される．粒子には壁との衝突以外，力は働かないと考えるので，$0 < x < L$ で p_x は定数である．図の点 A から出発した代表点は $p_x > 0$ なので x 軸と平行に右向きに運動し，$x = L$ で点 B に達する．ここで壁と衝突し，p_x は大きさを変えず符号が逆転し B → C と代表点は移動する．点 C では $p_x < 0$ であるから代表点は左向きに運動し，D に達した後，D → A と変位し以後 A → B → C → D → A という一種の周期運動を繰り返し，その軌道は図7.4のような長方形で記述される．

> いま考える位相空間は 1 個の粒子に対するもので，molecule という意味で μ 空間と呼ばれる．

> $(y, p_y), (z, p_z)$ というペアも同じような運動で表される．

7.2 位相空間

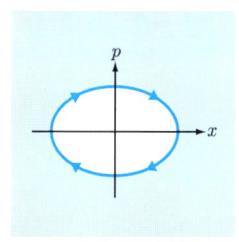

図 7.3 一次元調和振動子の位相空間

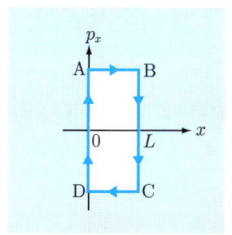

図 7.4 箱中の自由粒子の位相空間

[参考] 一般の位相空間 自由度 f の体系の運動状態を決めるには一般座標,一般運動量

$$q_1, q_2, \cdots, q_f, p_1, p_2, \cdots, p_f \qquad ⑨$$

を指定すればよい.⑨の変数を直交座標とするような $2f$ 次元の空間が一般的な位相空間である.この空間中の一点を決めれば注目している体系の運動状態(座標と運動量)が完全に指定される.このような点を前と同じく代表点という.1個の粒子の位相空間を μ 空間というのに対し全系を記述する位相空間を Γ 空間という.

Γ は気体(gas)を意味する記号である.

[例題 4] N 個の一次元調和振動子の状態を決めるにはどのような位相空間を導入すればよいか.

[解] i 番目の振動子の座標,運動量を $x^{(i)}$, $p^{(i)}$ と書き,各振動子の位相空間を組み合わせて

$$x^{(1)}, x^{(2)}, \cdots, x^{(N)}, p^{(1)} p^{(2)}, \cdots, p^{(N)} \qquad ⑩$$

という $2N$ 次元の位相空間を導入すればよい.

[補足] 理想気体の位相空間 図 7.2 の立方体中に N 個の自由粒子が含まれる理想気体では,次のような $6N$ 次元の位相空間を考えればよい.

$$\boldsymbol{r}^{(1)}, \boldsymbol{r}^{(2)}, \cdots, \boldsymbol{r}^{(N)}, \boldsymbol{p}^{(1)}, \boldsymbol{p}^{(2)}, \cdots, \boldsymbol{p}^{(N)} \qquad ⑪$$

1つの粒子の μ 空間は六次元で Γ 空間の次元はこれの N 倍となる.

[例題 5] Γ 空間中の代表点は力学の法則に従い運動しある種の軌道を描く.この軌道は交わらないことを示せ.

[解] 交わるとすれば,その交点から2つの運動が可能となり,初期条件を与えれば運動が一義的に決まることに反する.

7.3 ほとんど独立な粒子の集まり

理想気体の力学的エネルギー　　(6.34)(p.82) で述べたように，N 個の分子から構成される理想気体の場合，全系の力学的エネルギー E は

$$E = e^{(1)} + e^{(2)} + \cdots + e^{(N)} \tag{7.11}$$

と書ける．このときの e は 1 個の分子の運動エネルギーで分子の質量，運動量をそれぞれ m, p とすれば，e は $e = p^2/2m$ と表される．

> 全系のエネルギーを大文字，個々の粒子のエネルギーを小文字の記号で表す．

理想気体の一般化　　以上の理想気体という概念を一般化し，N 個の粒子の集団があり，全系の力学的エネルギーは (7.11) のように書けると仮定する．例えば，1 つの具体的な例として，同じ角振動数をもつ一次元調和振動子の集まりを想定する．このような系は固体の格子振動を記述するため 1907 年にアインシュタインが導入したもので，**アインシュタイン模型**と呼ばれる．

一次元調和振動子の集まり　　統計力学の基本的な概念を考察するため，前述の一次元調和振動子の集まりを例として考えていこう．全系の力学的エネルギーは (7.11) のように各粒子のエネルギーの和として書けるが，各振動子はまったく独立ではなく，わずかな相互作用により互いにそのエネルギーを交換するものとする．しかし，全系のエネルギー E は各振動子のエネルギーの和で与えられるとし，(7.11) が成り立つと仮定する．逆にいえば，それくらい相互作用は弱いと仮定するのである．

μ 空間内の軌道　　各振動子が完全に独立であれば，それぞれの代表点はその μ 空間内で一定のエネルギーに対する図 **7.3** の楕円上を運動する．しかし，わずかでも相互作用があれば，e は一定ではなく時間の関数となる．このため μ 空間内の軌道は図 **7.5** に示すように，楕円の崩れたものになると考えられる．

> 相互作用が十分小さければ，代表点は近似的に楕円軌道を描くと期待される．

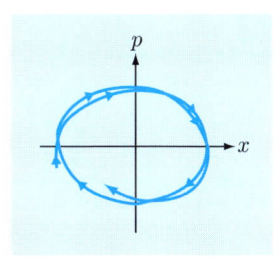

7.3 ほとんど独立な粒子の集まり

図 7.5 μ 空間内の軌道

図 7.6 μ 空間内の N 個の点

> **[参考]** **μ 空間での分布** ここで N 個の振動子を表す点を同一の μ 空間に表示したとする（図 7.6）．ある時刻において，μ 空間内の点 $\mathrm{P}(x,p)$ 近傍の微小体積 $dxdp$ 内に含まれる点の数を n とする．ただし，$dxdp$ は十分小さくそこでの e はほぼ一定であるとみなせると仮定する．そうすると
>
> $$p(x,p)dxdp = \frac{n}{N} \qquad \text{⑫}$$

という量は 1 つの振動子の状態が μ 空間内の x, p という点近傍の微小体積 $dxdp$ 中に見い出される確率を表すと考えられる．統計力学の目的の一つは，このような確率を求めることである．

> **例題 6** 分子運動論を使うと，理想気体の場合上記の確率はどのように表されるか．

[解] 図 7.2 で示す一辺の長さ L の立方体の容器内で N 個の自由粒子が運動しているような理想気体の体系を考える．この容器の体積 V は $V = L^3$ で与えられる．1 個の粒子に対する μ 空間は $\boldsymbol{r}, \boldsymbol{p}$ で記述される六次元空間であるが，この空間内の $d\boldsymbol{r}d\boldsymbol{p}$ 中の分子数は (6.11) (p.72) により

$$A\exp(-\alpha v^2)d\boldsymbol{r}d\boldsymbol{p}/m^3$$

と書ける．これを N で割れば 1 個の分子が微小体積 $d\boldsymbol{r}d\boldsymbol{p}$ 中に入る確率となる．(6.29) (p.78) を使い $\rho = N/V$ であることとボルツマン因子を利用すると確率は

$$p(\boldsymbol{r},\boldsymbol{p})d\boldsymbol{r}d\boldsymbol{p} = \frac{1}{Vm^3}\left(\frac{m}{2\pi k_\mathrm{B}T}\right)^{3/2} e^{-\beta e} d\boldsymbol{r}d\boldsymbol{p} \qquad \text{⑬}$$

と書ける．

$dxdp$ は実際には面積であるが，後の話と合わせるため体積という言葉を使う．

$\boldsymbol{p} = m\boldsymbol{v}$ であるから $d\boldsymbol{v} = d\boldsymbol{p}/m^3$ と表される．

7.4 エルゴード仮説

小正準集団　⑫ (p.95) の確率を求める際，系全体のエネルギー E は与えられているとする．しかし，系はまわりのものとわずかではあるがエネルギーを交換するので，エネルギーの小さな範囲をとり，その範囲内に系があると考えるのが適当である．そこで，系全体のエネルギーは E と $E + \Delta E$ との間にあると仮定しよう．ただし，ΔE は E に比べ十分小さいとする．このような性質をもつほとんど独立な粒子の集まりを一般に小正準集団という．

ここで全体系のハミルトニアンを

$$H(q_1, q_2, \cdots, q_f, p_1, p_2, \cdots, p_f)$$

とする．前述の仮定により Γ 空間内の代表点は

$$E \leq H(q_1, q_2, \cdots, q_f, p_1, p_2, \cdots, p_f) \leq E + \Delta E \tag{7.12}$$

を満たす領域の中で運動する．例題5により代表点の軌道は交わることはない．$H = E$ あるいは $H = E + \Delta E$ は，それぞれ Γ 空間中の超曲面を与える．このような多次元の空間を図示することはできないが，概念的にこれらを図示したのが図 **7.7** である．

エルゴード仮説　代表点は，この2つの超曲面で挟まれた領域内を交わることなく運動する．ここで，代表点は，上の領域の各部分を一様に巡り歩くと仮定する．もう少し正確にいうと，上の領域内の等しい体積内に代表点が入る確率は，その体積がどこにあるかにかかわらず等しい，と仮定する．これが統計力学における基本的な仮定で，エルゴード仮説と呼ばれる．これについては，数学的にいろいろ問題があるが，ここでは詳細に立ち入らない．右ページのコラム欄にエルゴード仮説に対する1つのモデルを紹介したのでそれを参考にしてほしい．以下，エルゴード仮説を認めることにして話を進める．

> q, p は直交座標に限らず一般座標，一般運動量とする．

> エルゴードという言葉はエネルギー，道を意味するギリシア語のエルグ，オドスに由来する．

7.4 エルゴード仮説

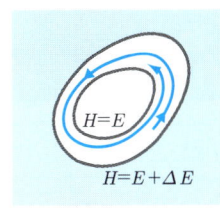

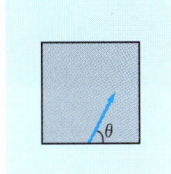

図 7.7　超曲面の概念図　　図 7.8　ワイルの玉突き

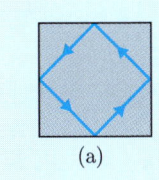

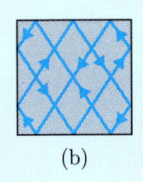

図 7.9

=== ワイルの玉突き ===

　ワイルはエルゴード仮説の本質をある程度とらえるモデルとして次のような玉突きの例を考えた．図 7.8 に示す正方形の玉突き台の1辺の中点から図のように角度 θ の方向に玉を突いたとする．玉は壁と衝突するが，光が鏡で反射されるときと同じ反射の法則に従って玉は反射されるとする．図 7.9(a) に $\theta = 45°$ のとき，図 7.9(b) に $\tan\theta = 3/2$ のときの玉の軌道が図示されているが，いずれの場合も何回か玉は壁に衝突したあと出発点に戻り，それ以後は同じ運動を繰り返す．エルゴード仮説という観点からこの軌道を見ると，いまの場合，仮説は成立しない．なぜなら，エルゴード仮説が成り立てば，代表点が訪れない点は存在しないからである．なお，(b) では軌道が交わっているが，座標空間（二次元）を考えるからで，位相空間（四次元）では軌道は交わっていない．一般に $\tan\theta$ が有理数だと，軌道の様子は上記のものと本質的に同じでエルゴード仮説は成立しない．

　しかし，$\tan\theta$ が無理数だと事情は一変する．このときにはどんなに衝突を繰り返しても決して玉はもとの出発点に戻らない．そうして軌道は玉突き台の内部を埋めつくし，その結果エルゴード仮説が成り立つことになる．ところで，有理数と無理数を比べると，圧倒的に後者の方が数が多い．有理数の集合は可算的で番号をつけることができるが，無理数の集合は不可算的で，文字通り無理数は数え切れない．一般の体系でも，上述の状況と同様，ごく少数の出発点についてはエルゴード仮説は成り立たないが，圧倒的に多数の出発点に対してエルゴード仮説が成り立つと考えられている．

ワイル（1885～1955）はドイツ生まれの数学者．のち，渡米．彼は数理物理学の分野で顕著な業績を残した．

ワイルの玉突きに興味のある読者は伏見康治編「量子統計力学」共立出版（1967）を参照せよ．

演習問題 第7章

1. 各粒子の位置ベクトルを一般座標で表す表式中に t が含まれないとして (7.8), (7.9) (p.90) を導け.

2. ハミルトニアン $H(x,p)$ が時間 t を含まない場合, ハミルトンの正準運動方程式を使って $H(x,p)$ は時間によらない定数であることを示し, 力学的エネルギー保存則を確かめよ.

3. 一様な重力場で運動する質量 m の粒子に対するラグランジアン, ハミルトニアンを導け. ただし, 鉛直上向きに x 軸をとり, 重力加速度は一定値 g であるとする. また, 代表点は位相空間においてどのような軌道として表されるか. ただし, $x \geq 0$ とする.

4. 一次元調和振動子の運動は位相空間において1つの楕円として記述されるが, この楕円の面積を求めよ. ただし, 調和振動子の角振動数を ω とする.

5. 右図のように原点 O のまわりで自由に回転する長さ a の棒の先端に質量 m の小物体を固定させる. 物体の位置を決める一般座標として図のような極座標 θ, φ を用いたとし, 以下の設問に答えよ. ただし, 棒の質量は無視してよいとし, また物体に力は働かないと仮定する.

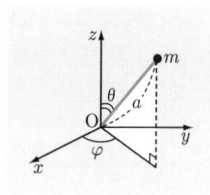

    (a) θ, φ に共役な一般運動量 p_θ, p_φ を求めよ.
    (b) 物体の運動エネルギーを記述するハミルトニアンを $\theta, \varphi, p_\theta, p_\varphi$ の関数として求めよ.

6. 同一の角振動数をもつ一次元調和振動子の集まりで, もし各振動子が完全に独立であればエルゴード仮説は成り立たないことを示せ.

第8章

マクスウェル・ボルツマン分布

　エルゴード仮説を利用し，体系がΓ空間のある領域を占める確率はその領域の体積に比例することを示す．調和振動子の集まりを例にμ空間を多数の細胞に分割したと考え，各細胞に入る振動子の数を固定した場合にこのような分布が実現するための配置数を求める．この配置数は確率に比例するが最大確率の配置数を求め，その結果は前章のマクスウェル分布を一般化したマクスウェル・ボルツマン分布であることを示す．また，最大確率の分布と熱力学第二法則との関連，分配関数，ボルツマンの原理などについて論じる．

―― **本章の内容** ――
8.1　位相空間の分割
8.2　最大確率の分布
8.3　マクスウェル・ボルツマン分布
8.4　分 配 関 数
8.5　ボルツマンの原理

第8章 マクスウェル・ボルツマン分布

8.1 位相空間の分割

Γ 空間と確率 　調和振動子の集まりを考え，エルゴード仮説が成り立つとして図 7.7 に示した全系の代表点の軌道を Γ 空間内で長時間 T にわたって観測したとする．個々の振動子に注目すると各振動子はそれぞれの μ 空間で図 7.5 のような軌道を描くが，全体としてみると，全系の代表点は E と $E+dE$ との間の領域を一様に巡っていく．そこで，図 8.1 に示したように上記の領域内で同じ体積をもつ部分 1, 2 を想定しよう．時間 T にわたって代表点の軌道を観測したとき，代表点が部分 1, 2 に滞在する時間を T_1, T_2 とすれば $T_1/T, T_2/T$ はそれぞれ部分 1, 2 が実現する確率を表す．部分 1, 2 は同じ体積をもつとしたので，両者の確率は同じで，結局ある状態が実現する確率はその状態に対応する Γ 空間の体積に比例することになる．

> Γ 空間内のある部分が力学の法則に従い運動するときその部分の体積の変わらないことが証明されている．

μ 空間の分割 　上記の確率を議論するため，図 7.6 の μ 空間を一定の大きさ a の微小体積（面積）に分割したとする（図 8.2）．便宜上，この微小部分を以下細胞と呼ぶ．a の大きさは古典力学ではいくらでも小さくとれるが，量子力学の不確定性関係 $\Delta x \Delta p \simeq h$（$h$ はプランク定数）を考慮すると，h の程度にとるのが妥当である．しかし，a のとり方はあまり本質的ではないので，以下の議論では適当に小さいとだけ仮定しておく．ただし，a は図 7.6 の $dxdp$ よりは十分小さいとする．

> $dxdp$ 中の細胞の数は $dxdp/a$ で与えられる．

Γ 空間の分割 　図 8.2 のように，μ 空間を細胞（図の斜線部分）で分割したとし，これらの細胞に適当な通し番号 $1, 2, 3, \cdots$ をつけたとする．また，そこでのエネルギーを $e_1, e_2, e_3, \cdots$ としよう．このような分割はどの振動子についても同じようにでき，この分割に対応する Γ 空間内の体積は a^N となる（例題 1）．

8.1 位相空間の分割

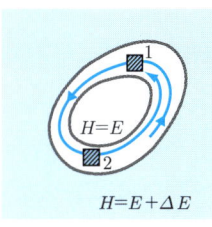

図 8.1 代表点の滞在確率　　図 8.2 μ 空間の分割

例題 1　μ 空間を体積 a の細胞に分割したとき，これに対応する Γ 空間の体積は a^N であることを示せ．

解　Γ 空間中の体積要素 $d\Gamma$ は
$$d\Gamma = dx^{(1)}dp^{(1)} \cdots dx^{(N)}dp^{(N)}$$
と書け，$dx^{(1)}dp^{(1)} = a, \cdots, dx^{(N)}dp^{(N)} = a$ だから $d\Gamma = a^N$ となる．

例題 2　3 個の振動子 (1), (2), (3) を考え，1 番目の細胞に 2 個，2 番目の細胞に 1 個配置させるとする．可能な配置数は何通りであるか．

解　1 番目に (1), (2), 2 番目に (3), 1 番目に (1), (3), 2 番目に (2), 1 番目に (2), (3), 2 番目に (1) という 3 通りの配置法がある．

参考　**配置数**　上の例題 2 を一般化し，N 個の振動子の内，n_1 個が 1 番目の細胞に，n_2 個が 2 番目の細胞に，$\cdots$，n_i 個が i 番目の細胞に，$\cdots$ 入っていると仮定しよう．$n_1, n_2, \cdots, n_i, \cdots$ を固定したとき，このような状態が実現する場合の数を W とし，この W を配置数という．N 個の振動子を，重複を考慮せず細胞に配置する仕方は $N!$ 通りある．しかし，1 番目の細胞内での配置換え $n_1!$ 通り，$\cdots$，i 番目の細胞内での配置換え $n_i!$ 通り，$\cdots$ の重複があるので，W は
$$W = \frac{N!}{n_1! n_2! \cdots n_i! \cdots} \qquad \text{①}$$
と書ける．例えば $N = 3$, $n_1 = 2$, $n_2 = 1$, $n_3 = n_4 = \cdots = 0$ では $W = 3!/(2! \cdot 1!) = 3$ となって例題 2 の結果と一致することがわかる．

$0! = 1$ の関係が成り立つ．

8.2 最大確率の分布

W の最大化　μ 空間の細胞中に振動子を配置させたとき，1つの配置は Γ 空間中での a^N の体積に相当する．一方，どの a^N をとっても代表点がその中にくる確率は等しいから $n_1, n_2, n_3, \cdots$ を固定したとき，全部の配置に対応する Γ 空間内の体積は Wa^N となる．すなわち，$n_1, n_2, n_3, \cdots$ のように配置される確率は W に比例することになる．

W は $n_1, n_2, n_3, \cdots$ の組が指定されると決まるが，熱平衡の場合にはこれが最大になっていると仮定する．その物理的な意味については後で述べるが，さしあたり，W を最大にする n_i を求めてみよう．① (p.101) の自然対数をとると，対数の性質を利用して

$$\ln W = \ln N! - \sum_i \ln n_i! \tag{8.1}$$

であるが，W を最大にするかわりに $\ln W$ を最大にすると考えてもよい．

> $N \to \infty$ の極限をとるので n_i は1に比べ十分大きいと仮定する．

スターリングの公式　M が十分大きな正の整数のとき

$$\ln M! \simeq M(\ln M - 1) \tag{8.2}$$

の近似式が成り立つ（例題3）．これをスターリングの公式といい，統計力学の議論では欠かせない公式である．

$\ln W$ に対する式　(8.1) で N や n_i が十分大きいとしてスターリングの公式を適用すると

$$\ln W = N(\ln N - 1) - \sum_i n_i(\ln n_i - 1)$$
$$= N \ln N - \sum_i n_i \ln n_i \tag{8.3}$$

が得られる．ただし，次の関係を利用した．

$$\sum_i n_i = N \tag{8.4}$$

i 番目の細胞中の振動子の数が n_i で，それをすべての可能な i について加えると当然振動子全体の数 N に等しくなる．これを表したのが (8.4) である．

8.2 最大確率の分布

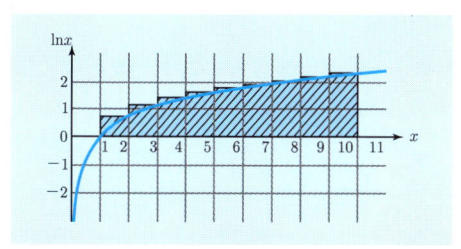

図 8.3 x と $\ln x$ の関係

例題 3 スターリングの公式を導け.

解 $\ln M!$ は

$$\ln M! = \ln(1 \cdot 2 \cdots M) = \ln 1 + \ln 2 + \cdots + \ln M$$

であるから，図 8.3 のように，$\ln x$ を x の関数として図示したとき，例えば $\ln 10!$ は図に示した長方形の面積の和に等しい．この総面積は，$1 \leq x \leq 10$ における図の曲線と x 軸に挟まれた部分の面積に近似的に等しいと考えられる．これからわかるように，M が十分大きいと $\ln M! \simeq \int_1^M \ln x\, dx \simeq M(\ln M - 1)$ と計算され，スターリングの公式が導かれる．例えば $M = 10$ とすれば $10! = 3628800$，$\ln 10! = 15.104$ であるが，スターリングの公式を使うと $\ln 10! = 13.026$ となり誤差は 14% 程度である.

$\ln 1 = 0$ である.

$\ln 50! = 148.5$ であるが，スターリングの公式では 145.6 となり，誤差は 2% 程度である.

例題 4 n_i に微小変化を与え $n_i \to n_i + \delta n_i$ とする．このとき $\ln n_i$ の変化分 $\delta \ln n_i$ を $(\delta n_i)^2$ の程度まで求めよ.

解 ある量の変化分をよく δ の記号で表し，これを**変分**と呼ぶ．$\ln n_i$ の変分 $\delta \ln n_i$ は次のようになる.

$$\delta \ln n_i = \ln(n_i + \delta n_i) - \ln n_i$$
$$= \ln\left(1 + \frac{\delta n_i}{n_i}\right) = \frac{\delta n_i}{n_i} - \frac{(\delta n_i)^2}{2n_i^2} + \cdots \quad ②$$

補足 極大，極小の条件 x の関数 $f(x)$ がある点で極大あるいは極小になっているとする．その点のまわりでの $f(x)$ の変分を $\delta f = a\delta x + b(\delta x)^2 + \cdots$ と表したとき，$f(x)$ が極値であれば $a = 0$ となる．これはそこで $df(x)/dx = 0$ が成り立つことに相当する．$b > 0$ なら極小，$b < 0$ なら極大となり，$f(x)$ の極大，極小の判断には二次の変分の符号をみればよい.

極大値，極小値を合わせ極値という.

最大確率の分布

W が最大であれば (8.3) (p.102) で $n_i \to n_i + \delta n_i$ の変分をとったとき, $\ln W$ の一次の変分は 0 となる. (8.3) の変分をとると

$$\delta(\ln W) = -\sum_i (n_i + \delta n_i) \ln(n_i + \delta n_i) + \sum_i n_i \ln n_i \tag{8.5}$$

> 変分をとるとき $N \ln N$ は一定であることに注意する.

と書ける. δn_i の一次までを考慮すると

$$\ln(n_i + \delta n_i) = \ln n_i \left(1 + \frac{\delta n_i}{n_i}\right)$$

$$= \ln n_i + \ln\left(1 + \frac{\delta n_i}{n_i}\right) = \ln n_i + \frac{\delta n_i}{n_i} \tag{8.6}$$

となる. (8.6) を (8.5) に代入し一次の項までとると

> $(\delta n_i)^2$ までの議論は演習問題 4 で扱う.

$$\delta(\ln W) = -\sum_i (\ln n_i + 1)\delta n_i \tag{8.7}$$

が得られる. (8.4) (p.102) で N は一定とするので

$$\sum_i \delta n_i = 0 \tag{8.8}$$

が成り立ち, (8.7) から次の条件が得られる.

$$\sum_i \ln n_i \delta n_i = 0 \tag{8.9}$$

> (8.9) は $\ln W$ の一次の変分が 0 という条件を表す.

ラグランジュの未定乗数法

もし, すべての n_i が独立であればすべての δn_i も独立であるとしてよい. しかし, 実際にはすべての δn_i は互いに独立ではなく, (8.8) のような条件が課せられている. 同様に, 系全体のエネルギーは一定としているので

> $E \gg \Delta E$ として ΔE は無視する.

$$\sum_i e_i n_i = E \quad \therefore \quad \sum_i e_i \delta n_i = 0 \tag{8.10}$$

> i 番目の細胞のエネルギーは e_i でその中に n_i 個の振動子が含まれるので細胞全体のエネルギーは $e_i n_i$ と書け i で加えれば E となる.

となる. 結局いまの場合 δn_i は (8.8), (8.10) の 2 つの条件を満たす必要がある. このような条件つきの極値の問題にはラグランジュの未定乗数法(右ページ参照)を使うのが便利である. すなわち, α, β を任意の定数として

$$\sum_i (\ln n_i + \alpha + \beta e_i)\delta n_i = 0 \tag{8.11}$$

とすれば形式上 δn_i は独立と考えて n_i を決めることができる.

8.2 最大確率の分布

参考 **条件つきの極値問題** 変数 x, y の関数 $g(x, y)$ に対し
$$g(x, y) = \text{一定} \qquad \text{③}$$
という条件が課せられているとする．このとき，$f(x, y)$ という関数を極値にする問題を考える．x, y に変分を与えれば f が極値という条件は
$$\delta f = \frac{\partial f}{\partial x}\delta x + \frac{\partial f}{\partial y}\delta y = 0 \qquad \text{④}$$
と書ける．x, y の変分は独立にとれるのではなく，③の条件のため
$$\frac{\partial g}{\partial x}\delta x + \frac{\partial g}{\partial y}\delta y = 0 \qquad \text{⑤}$$
が成り立つ．極値を求めるには④と⑤の連立方程式を解けばよい．このため⑤に未定乗数 λ を掛けて④に加える．その結果
$$\left(\frac{\partial f}{\partial x} + \lambda \frac{\partial g}{\partial x}\right)\delta x + \left(\frac{\partial f}{\partial y} + \lambda \frac{\partial g}{\partial y}\right)\delta y = 0 \qquad \text{⑥}$$
が得られる．ここで，δx の係数が 0 になるよう λ を決めたとする．すなわち
$$\frac{\partial f}{\partial x} + \lambda \frac{\partial g}{\partial x} = 0 \qquad \text{⑦}$$
とする．その結果⑥は $(\partial f/\partial y + \lambda \partial g/\partial y)\delta y = 0$ と書ける．δy は独立に変えられるので $\delta y \neq 0$ と仮定でき
$$\frac{\partial f}{\partial y} + \lambda \frac{\partial g}{\partial y} = 0 \qquad \text{⑧}$$
でなければならない．極値を与える x, y および λ は③, ⑦, ⑧から決まる．ラグランジュの方法を使うと結果が⑦, ⑧のように x, y に関し対称になるという利点がある．

λ をラグランジュの未定乗数という．

⑦, ⑧ の具体例については演習問題 2 を参照せよ．

例題 5 (8.11) の場合，ラグランジュの方法をどう適用すればよいか．

解 (8.11) では，条件が 2 つあるので，独立な変数の数は全体の変数の数より 2 だけ少ない．そこで，仮に $i = 1, 2$ に対して $\ln n_1 + \alpha + \beta e_1 = 0$, $\ln n_2 + \alpha + \beta e_2 = 0$ となるよう α と β を選んだとすれば，$n_3, n_4, n_5, \cdots$ などは独立に変えることができ，結局すべての i に対して次式のようになる．
$$\ln n_i + \alpha + \beta e_i = 0 \qquad \text{⑨}$$

8.3 マクスウェル・ボルツマン分布

n_i に対する表式 ⑨ (p.105) から n_i を解くと, n_i は

$$n_i = \exp(-\alpha - \beta e_i) \tag{8.12}$$

と書ける. ここで

$$e^{-\alpha} = \frac{N}{f} \tag{8.13}$$

で f を定義すると, n_i は次のように表される.

$$n_i = \frac{N}{f} \exp(-\beta e_i) \tag{8.14}$$

マクスウェル・ボルツマン分布則 (8.14) で全体の振動子の数が N, i 番目の細胞中の振動子の数が n_i であるから

$$p_i = \frac{1}{f} \exp(-\beta e_i) \tag{8.15}$$

の p_i は 1 つの振動子が i 番目の細胞の状態をとる確率を表す. この確率は $\exp(-\beta e_i)$ に比例するが, この因子は 6.3 節で述べたボルツマン因子である. したがって, p.79 の ⑭ により β は

$$\beta = \frac{1}{k_\mathrm{B} T} \tag{8.16}$$

であることがわかる. これを (8.15) に代入すると

$$p_i = \frac{1}{f} \exp\left(-\frac{e_i}{k_\mathrm{B} T}\right) \tag{8.17}$$

が得られる. これをマクスウェル・ボルツマン分布則, またこのような分布を**マクスウェル・ボルツマン分布**という. これまでは例として調和振動子を考えてきたが, 同様な分布則は, ほとんど独立な粒子の集まりに対し一般的に成立する. 1 つの粒子に対する μ 空間は直交座標に限らず, 一般的な座標とそれに共役な運動量から構成されているとしてよい. その理由はこのような位相空間で体積の不変性が成り立つからである.

> 8.4 節で熱力学と比べ (8.16) が正しいことを示す.

> ほとんど独立な粒子の集まりの Γ 空間は各粒子の μ 空間の積で, 体積の不変性は μ 空間でも Γ 空間でも成り立つ.

例題 6 (8.14) を使い全体の振動子の数が N, 全体のエネルギーが E という条件を求めよ.

解 $\sum_i n_i = N$, $\sum_i e_i n_i = E$ に (8.14) を代入すると

$$f = \sum_i \exp(-\beta e_i) \qquad ⑩$$

$$E = \frac{N}{f}\sum_i e_i \exp(-\beta e_i) \qquad ⑪$$

が得られる. ⑩の f を**分配関数**あるいは**状態和**という. この関数は統計力学で重要な役割を演じるが, これについては 8.4 節で述べる.

例題 7 一粒子に対するハミルトニアン H が

$$H = \frac{\bm{p}^2}{2m} + U(\bm{r}) \qquad ⑫$$

で与えられるとする (m は粒子の質量, $U(\bm{r})$ は粒子に働くポテンシャル). 粒子が μ 空間の微小体積 $d\bm{r}d\bm{p}$ 中に見いだされる確率 $p(\bm{r},\bm{p})d\bm{r}d\bm{p}$ を求めよ.

解 μ 空間 (六次元) 中の $\bm{r},\bm{p}$ で記述される点での力学的エネルギーは ⑫ で与えられる. μ 空間を体積 a の細胞に分けると, 微小体積 $d\bm{r}d\bm{p}$ 中の細胞の数は $d\bm{r}d\bm{p}/a$ となる. 粒子が 1 つの細胞中に入る確率は (8.14) を N で割ったものである. したがって, $d\bm{r}d\bm{p}$ 中に粒子が見いだされる確率はいまの確率と細胞の数との掛け算を行い

$$p(\bm{r},\bm{p})d\bm{r}d\bm{p} = \frac{1}{af}\exp(-\beta e)d\bm{r}d\bm{p} \qquad ⑬$$

と表される. ただし, ⑫ の H を e と書いた. 次章で理想気体に対する f の計算を行い ⑬ が p.95 の ⑬ と一致することを示す.

補足 **外場中の数密度** ⑬ に N を掛けると $\bm{r}\sim\bm{r}+d\bm{r}$, $\bm{p}\sim\bm{p}+d\bm{p}$ という範囲内の粒子数に等しくなる. このため $\bm{r}$ という場所での数密度を $\rho(\bm{r})$ とすれば

$$\rho(\bm{r})d\bm{r} = Nd\bm{r}\int p(\bm{r},\bm{p})d\bm{p} \qquad ⑭$$

となり, これから

$$\rho(\bm{r}) = N\int p(\bm{r},\bm{p})d\bm{p} \qquad ⑮$$

が得られる. 上式の応用例を演習問題 5 で論じる.

> $\bm{p}$ での積分は全運動量空間で行われる.

8.4 分配関数

分配関数の意味　ここで話を少々前に戻し⑩ (p.107) すなわち

$$f = \sum_i \exp(-\beta e_i) \qquad (8.18)$$

で定義される分配関数の物理的な意味を調べていこう．このため，体系の体積を一定に保って，β を $\beta + d\beta$ に変化させたとする．その際，e_i は変化しないと考えられ，(8.18) から $\ln f$ の変化は次のように表される．

$$d(\ln f) = \frac{df}{f} = -\frac{\sum e_i \exp(-\beta e_i)}{\sum \exp(-\beta e_i)} d\beta = -\frac{E}{N} d\beta \qquad (8.19)$$

ただし，$E = (N/f) \sum e_i \exp(-\beta e_i)$ の関係を利用し，記号を簡単にするため $\sum$ の下に付く i は省略した．

ヘルムホルツの自由エネルギーとの関係　(8.19) と熱力学との関係を考察するため，p.63 ⑫ のギブス・ヘルムホルツの式に注目し，体積が一定のとき同式は

$$d\left(\frac{F}{T}\right) = -U\frac{dT}{T^2} \qquad (8.20)$$

と書ける点に注意しよう．$\beta = 1/k_B T$ とおけば，$d\beta = -(1/k_B T^2) dT$ となり，(8.19) は

$$d(-N k_B \ln f) = -E\frac{dT}{T^2} \qquad (8.21)$$

と表される．(8.20) と (8.21) を比べると，右辺は同じ物理量を表すので，左辺の d の中身が同じでなければならない．したがって，このような考察からヘルムホルツの自由エネルギー F は

$$F = -N k_B T \ln f \qquad (8.22)$$

で与えられることがわかる．(8.22) は統計力学における 1 つの基本的な関係で，ミクロな立場から f を計算すれば熱力学関数がこの式を利用して導かれることになる．分配関数の具体的な例については次章で論じる．

図 **7.4** の μ 空間で L を変えなければ代表点の運動は変わらない．

E は体系全体のエネルギーで熱力学における内部エネルギー U に等しいと考えられる．

(8.22) は
$F = -k_B T \ln f^N$
とも表される．

8.4 分配関数

例題 8 1粒子のエネルギーの平均値 $\langle e \rangle$ を分配関数から求めるための公式を導け.

解 1つの粒子が i 番目の状態をとる確率は (8.15)（p.106）により $p_i = \exp(-\beta e_i)/f$ と書けるから, $\langle e \rangle$ は

$$\langle e \rangle = \sum_i e_i p_i = \frac{1}{f} \sum_i e_i \exp(-\beta e_i)$$

と表される. ここで (8.18) を利用すると, 次のように書ける.

$$\langle e \rangle = -\frac{\partial \ln f}{\partial \beta} \qquad \text{⑯}$$

例題 9 2種類の粒子の集まり A, B があり A 系と B 系は互いに自由にエネルギーを交換するが, 全体のエネルギーは一定に保たれているとする. 全系の配置数を求め, 物理的な考察からラグランジュの未定乗数 β は温度に対応することを示せ.

解 A 系が N_A 個, B 系が N_B 個の粒子から成り立つとして, A 系で $e_1, e_2, \cdots$ の状態にある粒子の数を $n_1, n_2, \cdots$, B 系で $e'_1, e'_2, \cdots$ の状態にある粒子の数を $n'_1, n'_2, \cdots$ とする. A 系での配置数 W_A, B 系での配置数 W_B は p.101 ① と同様

$$W_A = \frac{N_A!}{n_1! n_2! \cdots}, \quad W_B = \frac{N_B!}{n'_1! n'_2! \cdots}$$

で与えられる. A 系での配置と B 系での配置は互いに独立であるから, 全体の配置数 W は W_A と W_B の積で $W = W_A W_B$ となる. $\ln W$ を最大にする分布を求めると, 前と同様な方法で

$$\sum_i (\ln n_i + \alpha + \beta e_i) \delta n_i + \sum_j (\ln n'_j + \alpha' + \beta e'_j) \delta n'_j = 0$$

となり, $\delta n_i, \delta n'_j$ の係数を 0 とおき

$$n_i = \frac{N_A}{f_A} \exp(-\beta e_i), \quad n'_j = \frac{N_B}{f_B} \exp(-\beta e'_j)$$

が導かれる. ただし, f_A, f_B は次のように定義される.

$$f_A = \sum_i \exp(-\beta e_i), \quad f_B = \sum_j \exp(-\beta e'_j)$$

このように A, B 両系が自由にエネルギーを交換するとき, 最大確率の分布では β は両者に共通となる. 一方, 熱力学によると, 2つの体系がエネルギーを交換するとき, 熱平衡状態では両者の温度が等しくなり, このような考察から β は熱力学の温度に相当していることがわかる.

$\sum_i n_i = N_A$,
$\sum_j n'_j = N_B$,
$\sum_i e_i n_i + \sum_j e'_j n'_j$
$= E$ などの関係が成り立つ.

A 系と B 系のそれぞれでなく, 両系のエネルギーの和が一定という条件から β は両者に共通となる.

8.5 ボルツマンの原理

最大確率の分布と熱平衡　これまでの議論で，最大確率の分布が熱平衡に対応すると考えてきたが，その理由を熱力学との対応で考えていこう．(8.3)（p.102）により

$$\ln W = N \ln N - \sum_i n_i \ln n_i$$

が成り立つが，この式中の $\ln n_i$ に (8.14)（p.106）を代入すると

$$\ln W = N \ln N - \sum_i n_i (\ln N - \ln f - \beta e_i)$$

$$= N \ln f + \beta E = -\frac{F}{k_\mathrm{B} T} + \frac{E}{k_\mathrm{B} T}$$

が得られる．$F = E - TS$ と書けるので，上式から

$$S = k_\mathrm{B} \ln W \tag{8.23}$$

となる．これを**ボルツマンの原理**という．これはミクロな配置数 W とマクロなエントロピー S を結び付ける重要な関係式である．

熱平衡　熱力学第一法則は $dU = d'Q - pdV$ と表されるが，U, V が一定だと $d'Q = 0$ で状態変化は断熱過程となる．一方，熱力学第二法則 $TdS \geq d'Q$ から断熱過程では $dS \geq 0$ が得られる．これはなんらかの状態変化が起これば S は増加する（減少しない）ことを意味する．そこで縦軸に S，横軸に適当な状態量をとり，その状態量の関数として S を図示したとき図 8.4 のようになっているとする．A あるいは B から出発したとき S は増大し A あるいは B から S が最大になる C へと状態変化が起こる．状態が C に達するとそれ以上 S は増大せず状態は C に落ち着き熱平衡が実現する．

ボルツマンの原理と熱平衡　W 最大が熱平衡に対応するという前提でボルツマンの原理を導いたが，結果をみると，W 最大のときには S も最大である．こうして最大確率の分布が熱平衡に相当することがわかる．

(8.22) により

$$N \ln f = -\frac{F}{k_\mathrm{B} T}$$

となる．

≥ 0 で $>$ は不可逆過程に対応する．現実の状態変化は必ず不可逆過程を含むので S は増加すると考えるのが妥当である．

S が最大のときが熱平衡状態を与える．

8.5 ボルツマンの原理

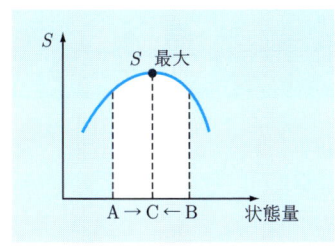

図 8.4 熱平衡の条件

> **例題 10** エントロピー S と (8.15) で定義される p_i との関係に関する以下の問に答えよ.
>
> (a) S は
> $$\frac{S}{Nk_\mathrm{B}} = -\sum_i p_i \ln p_i$$
> と表されることを証明せよ.
>
> (b) エントロピーが上式で与えられているとする. 次の
> $$\sum_i p_i = 1$$
> $$\sum_i e_i p_i = \langle e \rangle = 一定$$
> の条件下で S を最大にすると, p_i に対するマクスウェル・ボルツマン分布が導かれることを示せ.

解 (a) (8.15) を利用すると

$$-\sum_i p_i \ln p_i = -\sum_i p_i(-\beta e_i - \ln f)$$
$$= \beta \langle e \rangle + \ln f = \frac{E - F}{Nk_\mathrm{B}T} = \frac{TS}{Nk_\mathrm{B}T} = \frac{S}{Nk_\mathrm{B}}$$

と表される.

(8.15) により
$p_i = e^{-\beta e_i}/f$
が成り立つ.

(b) $p_i \to p_i + \delta p_i$ という変分をとったとき, $\delta S = 0$ から

$$\sum_i \ln p_i \delta p_i = 0$$

となり, また与えられた条件から

$$\sum_i \delta p_i = 0, \quad \sum_i e_i \delta p_i = 0$$

が得られる. したがって, ラグランジュの未定乗数法により

$$\sum_i (\ln p_i + \alpha + \beta e_i) \delta p_i = 0$$

となり, これから $p_i = \exp(-\alpha - \beta e_i)$ のマクスウェル・ボルツマン分布が導かれる.

演習問題 第8章

1 6個の振動子を3個の細胞にそれぞれ2個ずつ配置させるときの配置数はいくつか．次の①〜④のうちから，正しいものを1つ選べ．

　① 720　　② 360　　③ 120　　④ 90

2 $x+y=a$ という条件下で（a は定数）
$$f(x,y) = x^2 + y^2$$
を極値にするという問題を次の2つの方法で解き，両者は同じ結果となることを確かめよ．

　(a) $x+y=a$ から y を求め，これを $f(x,y)$ に代入すると，f は x だけの関数となる．この関数を極値にする．

　(b) ラグランジュの未定乗数法を適用する．

3 熱平衡状態の n_i に対して，実際 $\ln W$ が極値であることを示せ．

4 熱平衡状態では，$\ln W$ は単に極値をとるだけでなく，最大になっていることを証明せよ．

5 一様な重力場中に存在する一定温度 T の理想気体を考える．分子の質量を m，重力加速度を g とするとき，数密度と高さとの関係を求めよ．

6 X, P, x, p という四次元の μ 空間で粒子のエネルギー e が
$$e = e_1(X,P) + e_2(x,p)$$
という変数分離の形をもつと仮定する．このとき，e の統計力学的な平均値は X, P 空間での e_1 の平均値と x, p 空間での e_2 の平均値の和に等しいことを示せ．

7 ⑯を利用して体系の定積熱容量 C_v が
$$C_v = \frac{N}{k_B T^2} \left(\frac{\partial^2 \ln f}{\partial \beta^2} \right)_V$$
で与えられることを示せ．

8 例題9で扱った体系に対して次の問に答えよ．

　(a) ヘルムホルツの自由エネルギーはどのように表されるか．

　(b) この場合でもボルツマンの原理が成り立つか．

第9章

古典統計力学の応用

　本章では古典統計力学の応用について学んでいく．理想気体に対する分配関数を計算し，各種の熱力学関数を論じる．次に一次元調和振動子の分配関数を求め，1つの応用として固体の比熱に関するアインシュタイン模型を扱う．さらに，二原子分子の理想気体の分配関数を求め，エネルギー等分配則を考察する．また，磁性体の簡単な模型であるイジング模型に言及する．

―**本章の内容**―
9.1　単原子分子の理想気体
9.2　一次元調和振動子
9.3　固体の比熱
9.4　二原子分子の理想気体
9.5　イジング模型

第 9 章 古典統計力学の応用

9.1 単原子分子の理想気体

分配関数　もっとも簡単な体系として単原子分子の理想気体を考え，それに統計力学の結果を応用してみよう．いま，体積 V の容器中に理想気体が封入されているとし，1 個の気体分子の質量を m とする．単原子分子の場合，分子を質点とみなせば運動の自由度は並進運動だけで，回転，振動などの内部自由度はない．したがって，分子のエネルギー e は運動量 $\boldsymbol{p}$ により

$$e = \frac{\boldsymbol{p}^2}{2m} \tag{9.1}$$

と表される．μ 空間は (x, y, z, p_x, p_y, p_z) の六次元空間である．この空間中の $d\boldsymbol{r}d\boldsymbol{p}$ の微小体積内に含まれる細胞の数は $d\boldsymbol{r}d\boldsymbol{p}/a$ となる．よって，(8.18)（p.108）の細胞に関する和を積分で表すと，分配関数 f は

$$f = \frac{1}{a} \int \exp\left(-\frac{p_x^2 + p_y^2 + p_z^2}{2mk_\mathrm{B}T}\right) \\ \times dxdydzdp_xdp_ydp_z \tag{9.2}$$

と書ける．x, y, z に関する積分は体積 V をもたらす．また，例えば p_x に関する積分は $-\infty$ から ∞ にわたるもので，これはガウス積分によって計算される（例題 1）．このようにして f は

$$f = \frac{V(2\pi m k_\mathrm{B}T)^{3/2}}{a} \tag{9.3}$$

と求まる．実際は，気体分子の位置を互いに交換しても新しい配置とはならないので，p.108 の左欄に挙げた式 $F = -k_\mathrm{B}T \ln f^N$ で f^N を $N!$ で割る必要がある．このような割り算を実行すると，ヘルムホルツの自由エネルギー F は

$$F = -k_\mathrm{B}T \ln \frac{V^N(2\pi m k_\mathrm{B}T)^{3N/2}}{N! a^N} \tag{9.4}$$

と表される．

> 二原子分子では回転や振動が起こり得るが，これについては 9.4 節で述べる．

> f^N を $N!$ で割る理由は量子統計力学で理解できるが本書では詳細に立入らない．

9.1 単原子分子の理想気体

例題 1 ガウス積分を利用して (9.2) 中の例えば p_x に関する積分を実行し (9.3) を導け.

解 p_x での積分は

$$\int_{-\infty}^{\infty} \exp\left(-\frac{p_x^2}{2mk_BT}\right) dp_x \quad ①$$

と表される. p.74 のガウス積分 (6.18) を利用すると ① は

$$(2\pi mk_BT)^{1/2} \quad ②$$

と計算される. p_y, p_z に関する積分も同じ結果となるので ② を 3 乗し (9.3) が得られる.

(6.18) で積分変数は x だが, ① では p_x となっている.

例題 2 (9.4) で N は十分大きいとしスターリングの公式を利用して, n モルの理想気体のヘルムホルツの自由エネルギー F を計算せよ.

解 スターリングの公式を使うと $\ln N! = N(\ln N - 1)$ と表される. モル分子数を N_A とし $N = N_A n$ を使うと

$$F = -nRT\left[\ln V + \frac{3}{2}\ln(2\pi mk_BT) - \ln N + 1 - \ln a\right] \quad ③$$

が得られる. ③ の応用については次ページで述べる.

気体定数 R に対し $k_B N_A = R$ が成り立ち $Nk_B = nR$ となる.

参考 示量性と示強性 熱力学や統計力学で扱う状態量には大別して 2 種類ある. まったく同じ 2 つの体系を接合させて 1 つの体系とみなすとき, 体積, 熱容量のように 2 倍になるものを示量性, 圧力, 温度のように変わらないものを示強性という.

示量性については p.65 の右欄で触れた.

例題 3 ヘルムホルツの自由エネルギー F は示量性の状態量である. f^N を $N!$ で割らないと F はこの性質をもたず $N!$ で割れば示量性であることを示せ.

解 F を N, V の関数とみなし, $F = F(N, V)$ と書く. F が示量性であるとは

$$F(2N, 2V) = 2F(N, V) \quad ④$$

が成立することである. N を 2 倍にすると, n は 2 倍になるから ③ の nRT も 2 倍になる. もし f^N を $N!$ で割らないと ③ の大括弧の中に $\ln N$ という項は現れず, 大括弧内の N, V の依存性は基本的に $\ln V$ で記述される. $\ln(2V) = \ln V + \ln 2$ となるため示量性が成立しない. ③ の形であれば $\ln V - \ln N = \ln(V/N)$ が成り立つので示量性が保証される.

④ で T は共通なのでその依存性は省略してある.

左のように $N!$ で割ることは示量性という物理的な性質と密接に関係している.

状態方程式　熱力学の関係を使うと，③ (p.115) から圧力 p は

$$p = -\left(\frac{\partial F}{\partial V}\right)_T = nRT\frac{\partial \ln V}{\partial V} = \frac{nRT}{V} \qquad (9.5)$$

と計算され，よく知られた理想気体の状態方程式が導かれる．

エネルギーの平均値　μ 空間中の $d\boldsymbol{r}d\boldsymbol{p}$ 内に粒子の見いだされる確率は，ボルツマン因子を考慮すると

$$\exp(-\beta e)d\boldsymbol{r}d\boldsymbol{p}$$

に比例する．したがって，分子 1 個あたりのエネルギーの平均値 $\langle e \rangle$ は

$$\langle e \rangle = \frac{\int e\exp(-\beta e)d\boldsymbol{r}d\boldsymbol{p}}{\int \exp(-\beta e)d\boldsymbol{r}d\boldsymbol{p}} \qquad (9.6)$$

と表される．(9.6) の分母は確率を規格化するために必要である．e は (9.1) (p.114) で与えられ，座標とは無関係であるから，空間座標に関する積分は (9.6) の分母，分子で打ち消しあう．その結果，(9.6) は

$$\langle e \rangle = -\frac{\partial}{\partial \beta}\ln\left[\int \exp(-\beta e)d\boldsymbol{p}\right] \qquad (9.7)$$

> (9.7) の具体的な計算は例題 4 で行う．

となる．p.109 の ⑯ も基本的に同じ結果をもたらし，右ページの例題 4 で論じるように

$$\langle e \rangle = \frac{3k_\mathrm{B}T}{2} \qquad (9.8)$$

となり，p.82 の (6.38) と同じ結果が導かれる．同じようにして，運動エネルギーの 1 つの自由度に注目すると

$$\left\langle \frac{p_x^2}{2m} \right\rangle = \frac{k_\mathrm{B}T}{2} \qquad (9.9)$$

というエネルギー等分配則が得られる．x, y, z 方向の対称性から当然 x, y, z 方向に対する等分配の結果が求まるが，直接平均値を計算しても同じとなる（例題 5）．

9.1 単原子分子の理想気体

例題 4 (9.7) を具体的に計算し (9.8) を導け．また，$\langle e \rangle = -\partial \ln f / \partial \beta$ の関係からも同じ結果が得られることを示せ．

解 (9.7) の ln 中の積分は

$$\int \exp\left(-\beta \frac{p_x^2 + p_y^2 + p_z^2}{2m}\right) dp_x dp_y dp_z \qquad ⑤$$

と書ける．⑤ は $(2\pi m/\beta)^{3/2}$ と計算され，(9.7) から

$$\langle e \rangle = -\frac{\partial}{\partial \beta} \ln \left(\frac{2\pi m}{\beta}\right)^{3/2} = \frac{3}{2}\frac{\partial}{\partial \beta} \ln \beta = \frac{3}{2\beta}$$

となり，$\beta = 1/k_{\rm B}T$ に注意すれば (9.8) が得られる．

$\langle e \rangle = -\partial \ln f / \partial \beta$ の関係は本来なら $\langle e \rangle = -(1/N) \times \partial (\ln f^N)/\partial \beta$ と書き，前述のように f^N を $N!$ で割らねばならない．しかし，$\langle e \rangle$ の計算にそのような措置は不要で (9.3) を β で表せば上と同じ結果が導かれる．

p_x, p_y, p_z に関する積分はそれぞれ $-\infty$ から ∞ にいたるものである．

$\ln(f^N/N!) = N \ln f - \ln N!$ で第 2 項は β と無関係であるから $N!$ の項は落としてよい．

例題 5 $p_x^2/2m$ の平均値を直接計算して (9.9) の関係が成り立つことを確かめよ．

解 (9.6) と同様

$$\left\langle \frac{p_x^2}{2m} \right\rangle = \frac{\int (p_x^2/2m) \exp(-\beta e) d\boldsymbol{r} d\boldsymbol{p}}{\int \exp(-\beta e) d\boldsymbol{r} d\boldsymbol{p}}$$

と書け，次のように計算される．

$$\left\langle \frac{p_x^2}{2m} \right\rangle = -\frac{\partial}{\partial \beta} \ln\left[\int_{-\infty}^{\infty} \exp\left(-\beta \frac{p_x^2}{2m}\right) dp_x\right]$$

$$= -\frac{\partial}{\partial \beta} \ln\left(\frac{2\pi m}{\beta}\right)^{1/2} = \frac{1}{2}\frac{\partial}{\partial \beta} \ln \beta = \frac{1}{2\beta} = \frac{k_{\rm B}T}{2}$$

p_x 以外の積分は分母，分子で打ち消しあう．

例題 6 ③ からエントロピーを求め，熱力学で導いた p.60 の (5.13) と比較せよ．

解 エントロピー S は熱力学の関係により $S = -(\partial F/\partial T)_V$ で与えられる．③ から S は

$$S = nR \ln V + \frac{3}{2} nR \ln T$$
$$+ nR \left(\frac{3}{2} \ln (2\pi m k_{\rm B}) - \ln N + \frac{5}{2} - \ln a\right)$$

と計算される．定積モル比熱が $C_v = 3R/2$ であることに注意し，上式右辺の第 3 項を S_0 とすれば上式は (5.13) と一致する．

9.2 一次元調和振動子

分配関数　一次元調和振動子の力学的エネルギー e は p.89 の ① で述べたように

$$e = \frac{p^2}{2m} + \frac{m\omega^2 x^2}{2} \tag{9.10}$$

で与えられる．この場合の μ 空間は x, p の二次元空間で μ 空間を体積 a の細胞に分割したとすれば，分配関数 f は理想気体と同様

$$f = \frac{1}{a}\int \exp(-\beta e)\,dx\,dp \tag{9.11}$$

と表される．(9.11) 中の積分は

$$\int_{-\infty}^{\infty} \exp\left(-\beta\frac{p^2}{2m}\right)dp \int_{-\infty}^{\infty} \exp\left(-\beta\frac{m\omega^2 x^2}{2}\right)dx$$

$$= \left(\frac{2\pi m}{\beta}\right)^{1/2}\left(\frac{2\pi}{m\omega^2 \beta}\right)^{1/2} = \frac{2\pi}{\beta\omega}$$

と計算され，f は次のようになる．

$$f = \frac{2\pi}{a\beta\omega} \tag{9.12}$$

〈e〉の計算　e の平均値 〈e〉は

$$\langle e \rangle = -\frac{\partial \ln f}{\partial \beta} \tag{9.13}$$

の公式から求まる．(9.12) を (9.13) に代入すると

$$\langle e \rangle = \frac{\partial}{\partial \beta}\ln \beta = \frac{1}{\beta} = k_{\mathrm{B}}T \tag{9.14}$$

が得られる．

エネルギー等分配則　一次元調和振動子の力学的エネルギーは (9.10) のように，運動エネルギー $p^2/2m$ と位置エネルギー $m\omega^2 x^2/2$ の和であるが，右ページの例題 7 で示すように，それぞれの平均値が $k_{\mathrm{B}}T/2$ となる．このように，運動エネルギー，位置エネルギーのそれぞれに $k_{\mathrm{B}}T/2$ のエネルギーが分配されることもエネルギー等分配則という．

(9.11) で積分は全 μ 空間にわたって行われる．

(9.12) では $\frac{2\pi}{a\omega}$ は β と無関係なので (9.14) のようになる．

9.2 一次元調和振動子

例題 7 一次元調和振動子の運動エネルギー，位置エネルギーに対しそれぞれの平均値が $k_\mathrm{B}T/2$ であることを示せ．

解 運動エネルギー $p^2/2m$ の平均値は

$$\left\langle \frac{p^2}{2m} \right\rangle = \frac{\displaystyle\int \frac{p^2}{2m} \exp(-\beta e) dx dp}{\displaystyle\int \exp(-\beta e) dx dp} \qquad ⑥$$

と書けるが，⑥で x に関する積分は分母，分子で消え

$$\left\langle \frac{p^2}{2m} \right\rangle = \frac{\displaystyle\int \frac{p^2}{2m} \exp\left(-\beta \frac{p^2}{2m}\right) dp}{\displaystyle\int \exp\left(-\beta \frac{p^2}{2m}\right) dp}$$

と表される．上式は理想気体の1つの運動の自由度に対する運動エネルギーの平均値であるから $k_\mathrm{B}T/2$ に等しい．運動エネルギーと位置エネルギーの和が e で，(9.14) により e の平均値が $k_\mathrm{B}T$ であるため，位置エネルギーの平均値は $k_\mathrm{B}T/2$ となる．

> ⑥と同じような計算で位置エネルギーの平均値が $k_\mathrm{B}T/2$ に等しいことが示される（演習問題 3）．

=== **ガウス分布** ===

変数 x があり $(-\infty < x < \infty)$，この変数が $x \sim x + dx$ の範囲内の値をとる確率 $g(x)dx$ が

$$g(x)dx = \frac{1}{\sqrt{2\pi}\,\sigma} \exp\left(-\frac{x^2}{2\sigma^2}\right) dx$$

で与えられるとき，この確率分布をガウス分布，σ を**分散**という．一次元調和振動子の x に対する確率分布は演習問題 4 で示すようにガウス分布で記述される．ガウス（1777～1855）はドイツの数学者で「口をきくより前から計算することができた」といわれるほどの数学の天才であった．物理量を測定する際どうしても誤差が含まれるがガウスはその分布がガウス分布であることを示した．物差しで長さを測るようなときこの誤差はあまり気にならないが，著者が学生のころ「中央遠近」と呼ばれる実験があった．2 つの棒の間に左右に動く棒があり中央と思ったところで棒を固定するのが「中央」，一方の棒を固定し他方の棒を前後に動かし等距離と思ったところで棒を固定するのが「遠近」である．「中央」ではそれほど個人差はないが，距離感あるいは遠近感は人により大きく違い「遠近」では数十 cm も誤差を生じる場合がある．

9.3 固体の比熱

格子振動　結晶を構成する分子，原子あるいはイオンはつり合いの位置の付近で振動（格子振動）している．格子振動に伴う力学的エネルギーは固体がもつ内部エネルギーの一因となる．ここでは簡単なモデルに基づき古典統計力学の範囲内で格子振動による比熱を考察する．

アインシュタイン模型　1種類の原子から構成される結晶を考え，原子数を N とする．各原子は独立に同じ振動数で振動すると仮定しよう．このような格子振動に対する模型はアインシュタイン模型と呼ばれる．各原子は三次元的な振動を行うので，アインシュタイン模型は角振動数 ω をもつ独立な $3N$ 個の一次元調和振動子の集まりと等価である．

> 固体中の電子も比熱に寄与するが，それを扱うには量子統計力学が必要である．本書ではこの問題に立ち入らない．電子の比熱が問題になるのは数 K という極低温である．

内部エネルギーと定積モル比熱　1つの振動子のエネルギーの平均値は $k_\mathrm{B}T$ で，それが $3N$ 個存在するから全体のエネルギーすなわち内部エネルギー U は

$$U = 3Nk_\mathrm{B}T \tag{9.15}$$

と書ける．とくに1モルの場合には $N_\mathrm{A} k_\mathrm{B} = R$ を用い

$$U = 3RT \tag{9.16}$$

である．定積モル比熱 C_v は熱力学の関係により

$$C_v = \left(\frac{\partial U}{\partial T}\right)_V \tag{9.17}$$

で与えられるから，(9.16) を利用し

$$C_v = 3R \tag{9.18}$$

が得られる．p.32 の (3.7) により気体定数 R は

$$R = 8.31\,\mathrm{J/mol \cdot K}$$

と書けるので

$$C_v = 24.9\,\mathrm{J/mol \cdot K} \tag{9.19}$$

> 固体では定積比熱と定圧比熱は同じであると考えてよい．

となる．上の結果をデュロン・プティの法則という．一例として銅のモル比熱を図 9.1 に示す．

9.3 固体の比熱

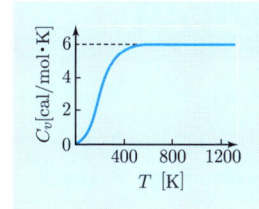

$R \simeq 2\,\mathrm{cal/mol\cdot K}$ を使うと $C_v \simeq 6\,\mathrm{cal/mol\cdot K}$ が得られる.

図 9.1 銅の定積モル比熱

例題 8 100 °C で銅の定積比熱は $0.397\,\mathrm{J/g\cdot K}$ と測定されている. 1 モルの銅は 63.5 g であるとして, 銅のモル比熱を求めよ. また, デュロン・プティの法則との一致について論じよ.

解 銅の定積モル比熱は次のように表される.

$$C_v = 0.397 \times 63.5\,\mathrm{J/mol\cdot K} = 25.2\,\mathrm{J/mol\cdot K}$$

この結果は (9.19) とほぼ一致しその誤差は 1 % 程度である.

例題 9 アインシュタイン模型では各原子が同じ振動数で振動していると仮定する. しかし, 実際には小さな振動数, 大きな振動数が現れ振動数に分布があると予想される. (9.18) の結果は振動数がどんな分布をしても成り立つことを示せ.

解 1 つの振動子のエネルギーの平均値は $k_\mathrm{B}T$ でこれは振動数と無関係である. したがって, 内部エネルギーは $k_\mathrm{B}T$ と振動の自由度の数 $3N$ の積となり, 振動数分布と無関係に (9.15) が成立する.

=== アインシュタイン模型と量子力学 ===

低温になると C_v はデュロン・プティの法則からずれ, $T \to 0$ の極限で $C_v \to 0$ のように変化する (図 9.1). アインシュタイン (1879〜1955) はこのような比熱の振る舞いを調べるためアインシュタイン模型を導入した. 1900 年にプランクの提唱した量子仮説を拡張し, 一次元調和振動子では図 7.3 の楕円軌道でとびとびのものだけが実現すると考えた. これを量子状態というが, 量子統計力学では (8.18) の i に関する和をこのような量子状態にわたるものとすればよい. 固体の低温における比熱の挙動は量子力学の発見へとつながった現象である.

空洞内の電磁場は調和振動子の集まりと等価だが, いくらでも高い振動数が可能で $N \to \infty$ となり内部エネルギーも ∞ である. 古典統計力学では鉄を熱したとき赤くなる現象が理解できない.

プランク (1858〜1947) はドイツの物理学者で熱放射の研究を行い, 量子力学への道を拓いた.

9.4 二原子分子の理想気体

A原子，B原子から作られるABという二原子分子を想定し，各原子は質量 m_A, m_B の質点とみなす．このような二原子分子から構成される理想気体を考察する．

二原子分子の運動エネルギー 2つの質点を含む質点系の運動エネルギーは，重心の運動エネルギーと重心のまわりの回転エネルギー (回転運動の運動エネルギー) との和である (例題10)．分子のエネルギーの平均値は両者の平均値の和となり，重心の並進運動は9.1節と同様に扱えるので，以下回転エネルギーを論じる．

回転エネルギー 体系の重心は両質点を結ぶ線上にあるが重心を座標原点Oにとり，またOからA, Bまでの距離を a, b と書く (図9.2)．質点の位置を記述するのに極座標を利用する．第7章の演習問題5により質点Aの運動エネルギー K_A は次のように書ける．

> 通常の温度では二原子の間の振動は起こらず，a, b は一定である．

$$K_A = \frac{m_A a^2}{2}(\dot{\theta}^2 + \sin^2\theta \dot{\varphi}^2) \tag{9.20}$$

図9.2からわかるように，質点Bは原点のまわりでAと対称的な運動をするから，質点Bの運動エネルギー K_B は，(9.20)で $m_A \to m_B$, $a \to b$ の置き換えを実行すれば求まる．回転エネルギー K は $K = K_A + K_B$ と書け

$$K = \frac{I}{2}(\dot{\theta}^2 + \sin^2\theta \dot{\varphi}^2) \tag{9.21}$$

と表される．ただし，上式で I は

$$I = m_A a^2 + m_B b^2 \tag{9.22}$$

> 図9.3のように I は重心Gを通りAとBとを結ぶ直線に垂直な回転軸のまわりの慣性モーメントである．

と定義される．第7章の演習問題5で $ma^2 \to I$ という置き換えを実行すると，(9.21) の K に対応するハミルトニアンは

$$H = \frac{1}{2I}\left(p_\theta^2 + \frac{p_\varphi^2}{\sin^2\theta}\right) \tag{9.23}$$

で与えられることがわかる．

9.4 二原子分子の理想気体

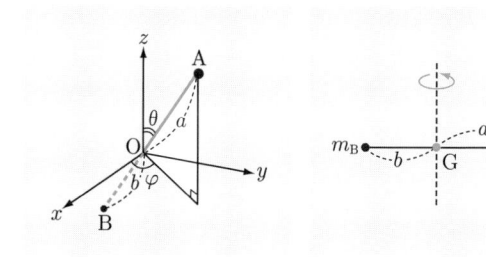

図 9.2 質点 A に対する極座標　　図 9.3 慣性モーメント

例題 10　2 つの質点から構成される質点系の運動エネルギーは，重心の運動エネルギーと重心のまわりの回転エネルギーとの和であることを示せ．

解　図 9.4 のように，質点系の重心を G とし，G からみた質点 A, B の位置ベクトルをそれぞれ r_1, r_2 とする．G, A, B の位置ベクトルを r_G, r_A, r_B とすれば $r_A = r_G + r_1$, $r_B = r_G + r_2$ と書け，また G が重心という条件から

$$m_A r_1 + m_B r_2 = 0 \qquad ⑦$$

が成り立つ．質点系の全運動エネルギーは

$$K = \frac{m_A}{2}(\dot{r}_G + \dot{r}_1)^2 + \frac{m_B}{2}(\dot{r}_G + \dot{r}_2)^2 \qquad ⑧$$

と表されるが，⑦の条件のため次式が得られる．

$$K = \frac{m_A + m_B}{2}\dot{r}_G^2 + \frac{m_A}{2}\dot{r}_1^2 + \frac{m_B}{2}\dot{r}_2^2 \qquad ⑨$$

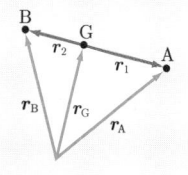

図 9.4
2 個の質点

参考　**二原子分子のエネルギー**　重心の運動エネルギーを e_G, 重心のまわりの回転エネルギーを e_r とすれば，二原子分子のエネルギー e は $e = e_G + e_r$ と表される．これから

$$\langle e \rangle = \langle e_G \rangle + \langle e_r \rangle$$

となる．重心運動と回転運動は互いに独立で二原子分子の分配関数 f はそれぞれの運動に対する f_G, f_r の積となる．すなわち $f = f_G f_r$ となり，この点に注意すれば統計力学の立場から上の関係が導かれる（演習問題 5）．

⑨の右辺第 1 項は全質量が重心に集中したと考えたときの重心の運動エネルギー，第 2, 3 項は重心のまわりの回転エネルギーを表す．

エネルギーの平均値

二原子分子の運動エネルギーは，重心の運動エネルギーと回転エネルギーとの和であるが，その平均値は後者の2つのエネルギーの平均値の和となる．重心運動のエネルギーは単原子分子の場合と同じで，その平均値は $3k_\mathrm{B}T/2$ で与えられる．これに対し，回転エネルギーの平均値を求めるため回転運動を表す μ 空間を考察しよう．

> 右に述べる点については，第8章の演習問題6および本章の演習問題5を参照せよ．

回転運動の μ 空間

回転運動を記述する一般座標，一般運動量は $\theta, \varphi, p_\theta, p_\varphi$ の4個の変数であるから μ 空間は四次元空間となる．θ, p_θ のペアを考えると，その変域は

$$0 \leq \theta \leq \pi, \quad -\infty < p_\theta < \infty \tag{9.24}$$

と書け，これは図 **9.5** の斜線部で表される．同様に

$$0 \leq \varphi \leq 2\pi, \quad -\infty < p_\varphi < \infty \tag{9.25}$$

の φ, p_φ の変域は図 **9.6** のようになる．このような μ 空間で分配関数を考えると，回転エネルギーの平均値は

$$\langle e_\mathrm{r} \rangle = k_\mathrm{B}T \tag{9.26}$$

と求まる（例題 11）．

定積モル比熱

以上の議論により，二原子分子の運動エネルギーの平均値は，重心運動のエネルギーと回転運動のエネルギーとを加え，$5k_\mathrm{B}T/2$ となる．こうして二原子分子の理想気体の場合，内部エネルギー U は

$$U = \frac{5Nk_\mathrm{B}T}{2} \tag{9.27}$$

と表され，とくに1モルであれば

$$U = \frac{5R}{2}T \tag{9.28}$$

が得られる．したがって，定積モル比熱は

$$C_v = \frac{5}{2}R \tag{9.29}$$

と求まる．この結果は単原子分子の理想気体に対する $C_v = 3R/2$ [p.84 の (6.42)] より R だけ大きい．

> $C_v = 5R/2 = 20.8\,\mathrm{J/mol\cdot K}$ である．p.41 の表 **4.1** からわかるように，理論と実験との一致は良好である．

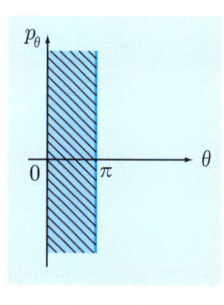

9.4 二原子分子の理想気体

図 9.5 θ と p_θ

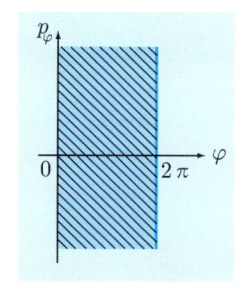

図 9.6 φ と p_φ

例題 11 回転運動を表す μ 空間で分配関数を記述する表式を導き，回転エネルギーの統計力学的な平均値を求めよ．

解 μ 空間を体積 a の細胞に分割したとすれば，細胞に関する和を μ 空間内の積分で書き，回転運動に対する分配関数 f_r は

$$f_\mathrm{r} = \frac{1}{a}\int \exp(-\beta e_\mathrm{r})d\theta dp_\theta d\varphi dp_\varphi \qquad ⑩$$

と表される．ただし，積分範囲は (9.24)，(9.25) で与えられ，また (9.23) により e_r は

$$e_\mathrm{r} = \frac{1}{2I}\left(p_\theta^2 + \frac{p_\varphi^2}{\sin^2\theta}\right) \qquad ⑪$$

と書ける．⑪ を ⑩ に代入し，積分範囲を明記すると

$$f_\mathrm{r} = \frac{1}{a}\int_0^{2\pi} d\varphi \int_0^\pi d\theta \int_{-\infty}^\infty dp_\theta dp_\varphi$$
$$\times \exp\left[-\frac{\beta}{2I}\left(p_\theta^2 + \frac{p_\varphi^2}{\sin^2\theta}\right)\right] \qquad ⑫$$

と表される．この積分を実行すれば右欄に述べた関係から $\langle e_\mathrm{r}\rangle$ が計算できるが，実は積分をきちんと求める必要はない．すなわち p_θ, p_φ に関する積分は $-\infty$ から ∞ にいたるものであることに注目し $p_\theta = p_\theta'/\beta^{1/2}$，$p_\varphi = p_\varphi'/\beta^{1/2}$ の変数変換を使うと

$$f_\mathrm{r} = \frac{1}{\beta a}\int_0^{2\pi} d\varphi \int_0^\pi d\theta \int_{-\infty}^\infty dp_\theta' dp_\varphi'$$
$$\times \exp\left[-\frac{1}{2I}\left(p_\theta'^2 + \frac{p_\varphi'^2}{\sin^2\theta}\right)\right] \qquad ⑬$$

となり，$f_\mathrm{r} = A/\beta$ で事実上 $\ln f_\mathrm{r} = -\ln\beta$ とおける．したがって $\langle e_\mathrm{r}\rangle = 1/\beta = k_\mathrm{B}T$ が得られる．

$\langle e_\mathrm{r}\rangle$ は
$\langle e_\mathrm{r}\rangle = -\dfrac{\partial \ln f_\mathrm{r}}{\partial \beta}$
から求まる．

A は β によらない定数である．

9.5 イジング模型

不連続な変数に関する和　分配関数 f は p.108 の (8.18) で定義されるが，これまで i に関する和は μ 空間中の細胞にわたるものとしてきた．その理由は，対象とする体系のエネルギーが連続的な値をとるためである．しかし，f の定義自身は体系のエネルギーが不連続的な値をとる場合に一般化することができる．その一例として表題のイジング模型を考察しよう．

p.121 で触れた量子状態に関する和は不連続な変数の例である．

イジング・スピン　磁性体の1つの模型は，結晶の各格子点に古典的なスピンが存在し，このスピンは上向きあるいは下向きの向きをとると仮定することである．このような模型を**イジング模型**，またこのスピンをイジング・スピンという．また，スピンは上向きのとき μ，下向きのとき $-\mu$ の**磁気モーメント**をもつとする．すなわち，スピンの上向きの向きに沿って z 軸をとったとき，磁気モーメントの z 成分 μ_z は μ または $-\mu$ の値をとる．z 軸の正の方向に磁場 H をかければ (図 **9.7**)，スピンが上向きのとき $-\mu H$，下向きのとき μH のエネルギーをもち，分配関数 f は次のように計算される．

$$f = \sum_i \exp(-\beta e_i) = e^{\beta \mu H} + e^{-\beta \mu H}$$
$$= 2\,\mathrm{ch}\,(\beta \mu H) \qquad (9.30)$$

$\mathrm{ch}\,x$ は双曲線関数の一種で
$$\mathrm{ch}\,x = \frac{e^x + e^{-x}}{2}$$
と定義される．

スピン配列の確率　スピンのエネルギーは $-\mu_z H$ と書けるので，ボルツマン因子により，磁気モーメントが μ_z であるような確率は $\exp(\beta \mu_z H)$ に比例する．これを規格化すると確率そのものは次のように書ける．

$$p = \frac{e^{\beta \mu_z H}}{f} = \frac{e^{\beta \mu_z H}}{2\,\mathrm{ch}\,(\beta \mu H)} \qquad (9.31)$$

したがって，スピンが上向きまたは下向きである確率を p_+, p_- と書けば次式が成り立つ．

$$p_+ = e^{\beta \mu H}/2\,\mathrm{ch}\,(\beta \mu H), \quad p_- = e^{-\beta \mu H}/2\,\mathrm{ch}\,(\beta \mu H)$$

9.5 イジング模型

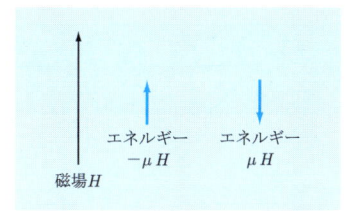

図 9.7 磁場中のイジング・スピン

例題 12 磁場 H 中にある N 個の格子点の各点に 1 個のイジング・スピンが配置されている．スピンは互いに独立であるとし，上向き，下向きのスピンの数を N_+, N_- とする．
(a) N_+, N_- を固定したときの配置数 W を求め，エントロピー S を導け．
(b) ヘルムホルツの自由エネルギー F が極小という条件から N_+, N_- を計算し，前述の p_+, p_- の結果が得られることを確かめよ．

解 (a) $W = N!/N_+!\,N_-!$ ⑭

で，ボルツマンの原理，スターリングの公式を適用すると

$$S = k_B[N(\ln N - 1) - N_+(\ln N_+ - 1) - N_-(\ln N_- - 1)]$$

が得られる．あるいは

$$N = N_+ + N_- \quad ⑮$$

を使うと次式のようになる．

$$S = k_B(N \ln N - N_+ \ln N_+ - N_- \ln N_-) \quad ⑯$$

(b) 全系のエネルギー E は $E = -\mu H(N_+ - N_-)$ と書ける．⑮のような条件つきの極値問題であるからラグランジュの未定乗数 λ を導入し，$F = E - TS$ であることを使うと

$$\psi(N_+, N_-) = -\mu H(N_+ - N_-) - k_B T(N \ln N$$
$$- N_+ \ln N_+ - N_- \ln N_-) + \lambda(N_+ + N_- - N)$$

を N_+, N_- の関数として極値にすればよい．$\partial\psi/\partial N_+ = 0$，$\partial\psi/\partial N_- = 0$ から $\ln N_+ = -1 - \beta\lambda + \beta\mu H$，$\ln N_- = -1 - \beta\lambda + \beta\mu H$ が得られる．これから

$$N_+ = A e^{\beta\mu H}, \quad N_- = A e^{-\beta\mu H}$$

となる．⑮の条件を使うと

$$p_+ = \frac{N_+}{N} = \frac{e^{\beta\mu H}}{2\,\text{ch}\,(\beta\mu H)}, \quad p_- = \frac{N_-}{N} = \frac{e^{-\beta\mu H}}{2\,\text{ch}\,(\beta\mu H)}$$

と書け，前ページと一致する結果が導かれる．

イジング模型で物理的に興味があるのは，スピン間に相互作用が存在する場合でこのような体系は相転移を記述することが知られている．

体積一定だと熱力学第一法則から $d'Q = dU$ となる．一方，第二法則から $d'Q \leq TdS$ なので

$$dU - TdS \leq 0$$

となる．T 一定では $dF \leq 0$ と書け F 極小が熱平衡の条件となる．

$e^{-1-\beta\lambda} = A$ とおいた．

演習問題 第9章

1 単原子分子の理想気体を構成する1つの分子が μ 空間中の微小体積 $d\boldsymbol{r}d\boldsymbol{p}$ 中に入る確率 $p(\boldsymbol{r},\boldsymbol{p})d\boldsymbol{r}d\boldsymbol{p}$ を求め，これが p.95 の ⑬ と一致することを確かめよ．

2 等温圧縮率 κ_T は
$$\frac{1}{\kappa_T} = V\left(\frac{\partial^2 F}{\partial V^2}\right)_V$$
で与えられる．この関係を利用して，単原子分子の理想気体の κ_T を計算せよ．

3 一次元調和振動子の位置エネルギー $m\omega^2 x^2/2$ の平均値を p.119 の ⑥ のような形で表し，それが $k_\mathrm{B}T/2$ に等しいことを示せ．

4 ある温度における一次元調和振動子の x に対する確率分布はガウス分布で記述されることを示し，その分散を求めよ．

5 二原子分子のエネルギー e は，重心運動，回転運動のエネルギーをそれぞれ e_G, e_r としたとき $e = e_\mathrm{G} + e_\mathrm{r}$ と書ける．統計力学の立場から
$$\langle e \rangle = \langle e_\mathrm{G} \rangle + \langle e_\mathrm{r} \rangle$$
であることを示せ．

6 二原子分子の理想気体に関する以下の設問に答えよ．
  (a) 分配関数 f を計算せよ．
  (b) ヘルムホルツの自由エネルギー F を求めよ．

7 一様な磁場 H に置かれたイジング・スピンの μ_z の平均値 $\langle \mu_z \rangle$ を求め，それを $\beta\mu H$ の関数として図示せよ．

8 ある分子は2つの状態 A, B をとるとし，状態 A における分子のエネルギーを 0, また状態 B におけるエネルギーを ε ($\varepsilon > 0$) とする．これら N 個の分子から構成される体系に関する以下の設問に答えよ．ただし，分子間の相互作用はないものと仮定する．
  (a) 温度 T における系全体のエネルギーの平均値 $\langle E \rangle$ を求めよ．
  (b) 定積熱容量 C を計算し，C の温度依存性を記述する図を描け．

第10章

正準集団と大正準集団

　これまで，体系を構成する粒子間の相互作用は無視でき，全体系のエネルギーは各粒子のエネルギーの和であると仮定してきた．理想気体はそのような体系であるが，この気体はいわば頭の中で描いた理想的な場合であり，実際の気体では必ず分子と分子との間にはなんらかの相互作用が働く．本章では粒子間に相互作用が働くような一般的な体系を取り扱う方法として，正準集団，大正準集団という考え方について説明していく．

本章の内容

- 10.1　正準集団
- 10.2　分配関数
- 10.3　大正準集団
- 10.4　大分配関数
- 10.5　分配関数と大分配関数
- 10.6　ゆらぎ

10.1 正準集団

一般的な体系 多数の粒子から構成される一般的な体系（例えば箱に入れた気体，一定量の液体，固体など）を考え，その運動の自由度を f とする．また，この体系を記述する一般座標および一般運動量を

$$q_1, q_2, \cdots, q_f, p_1, p_2, \cdots, p_f \tag{10.1}$$

とする．体系の状態は (10.1) の $2f$ 個の変数を指定すれば決定される．体系全体のエネルギーが各粒子のエネルギーの和として書けない場合，1つ1つの粒子の運動を記述する位相空間（μ 空間）を考えてもあまり意味がない．そこで，以下，全体系の位相空間（Γ 空間）だけを扱うことにする．

> q, p は一般の正準変数で直交座標に話を限る必要はない．

正準集団 注目する体系とまったく同じ構造をもつ M 個の体系を準備し適当に配列したとする（図 10.1）．これらの体系の間には非常に弱い相互作用があり，互いにエネルギーを交換するが，M 個全体では外部とエネルギーの交換はないものとする．したがって，M 個全体のエネルギーは保存される．このような体系の集団を想定し，その統計的な平均が実際に観測される物理量と結び付くと考えるのである．いまの問題では体系の粒子数は一定値 N に保たれるとするが，このように各体系の粒子数が一定であるような集団を正準集団という．

> 体系を構成する粒子が独立であるとすれば，正準集団は小正準集団に帰着する．

正準分布 1つの体系に対する Γ 空間を体積 a の細胞に分割したとし，i 番目の細胞のエネルギーを E_i，M 個の内，この状態をとる体系の数を M_i とする．$p_i = M_i/M$ は体系が i の状態をとる確率で熱平衡のとき

$$p_i = \frac{\exp(-\beta E_i)}{Z} \tag{10.2}$$

$$Z = \sum_i \exp(-\beta E_i) \tag{10.3}$$

> Z は次節で学ぶ分配関数である．

と表される（例題 1）．上の分布を正準分布という．

10.1 正準集団

図 10.1 正準集団の概念図

例題 1 第 8 章と同様な方法を用いて（10.2）の正準分布を導出せよ．

解 M 個全体の位相空間は（10.1）の M 倍，すなわち $2fM$ 個の変数で記述される．これを Γ_0 空間と呼ぼう．M 個のものを $M_1, M_2, \cdots, M_i, \cdots$ 個に分ける配置数 W は p.101 の①と同じような考え方により

$$W = \frac{M!}{M_1! M_2! \cdots M_i! \cdots} \quad ①$$

で与えられる．Γ 空間を体積 a の細胞に分割したと考えたので，1 つの分割法が Γ_0 空間の a^M の体積の細胞に相当する．このため上記の $(M_1, M_2, \cdots)$ の組を与える Γ_0 空間内の体積は W と a^M の積をとり Wa^M となる．Γ_0 空間に対してエルゴード仮説を適用すると，Γ_0 空間内のある体積を占める確率はその体積に比例するので，$(M_1, M_2, \cdots)$ の組が実現する確率は W に比例する．そこで W が最大になるような M_i を求めよう．計算の方法は第 8 章と同様で

$$\sum_i M_i = M \quad ②$$

$$\sum_i E_i M_i = E_0 \quad (= 定数) \quad ③$$

の条件下で $\ln W = $ 最大 とすればよい．M_i に変分 δM_i を与えたとすれば，8.2 節で $n_i \to M_i$ という置き換えを行い

$$\sum_i \ln M_i \delta M_i = 0, \quad \sum_i \delta M_i = 0, \quad \sum_i E_i \delta M_i = 0$$

と書け，ラグランジュの未定乗数法を利用すると

$$\ln M_i + \alpha + \beta E_i = 0$$

となる．すなわち，$M_i = \exp(-\alpha - \beta E_i)$ で，$\exp(-\alpha) = M/Z$ とおけば（10.2），（10.3）が得られる．（10.3）は確率が規格化されているという条件から導かれる．

Γ 空間と Γ_0 空間との関係は，μ 空間と Γ 空間との関係と同じである．

分割に伴う体積の対応は p.101 の例題 1 と同じである．

W を最大にする物理的な理由については演習問題 1 を参照せよ．

確率は規格化されているので

$$\sum_i p_i = 1$$

の関係が成り立つ．

10.2 分配関数

分配関数の物理的な意味 分配関数 Z は数学的には確率を規格化するため導入されたが，それ以上の物理的な意味をもっている．Z の性質を調べるため，体積を一定に保ち β を $\beta + d\beta$ と変化させたとし，このときの $\ln Z$ の変化を考察する．体積が一定であれば E_i も一定であると考えられるので，(10.3)(p.130)から体積 V が一定のとき次式が得られる．

$$d(\ln Z) = \frac{dZ}{Z} = \frac{-\sum_i E_i \exp(-\beta E_i)}{\sum_i \exp(-\beta E_i)} d\beta$$

ここで，正準分布に対するエネルギーの平均値 $\langle E \rangle$ が

$$\langle E \rangle = \sum_i E_i p_i = \frac{\sum_i E_i \exp(-\beta E_i)}{\sum_i \exp(-\beta E_i)} \tag{10.4}$$

と書けることに注意すれば，次式が導かれる．

$$d(\ln Z) = -\langle E \rangle d\beta \tag{10.5}$$

熱力学との対応 熱力学の立場でいえば $\langle E \rangle$ は体系の内部エネルギーである．(10.2)(p.130)の分子はボルツマン因子であり，したがって β はこれまでと同様 $\beta = 1/k_B T$ で与えられる．これを (10.5) に代入すると

$$d(\ln Z) = \langle E \rangle \frac{dT}{k_B T^2} \tag{10.6}$$

となる．$U = \langle E \rangle$ であるから，上式とギブス・ヘルムホルツの式とを比べることにより，ヘルムホルツの自由エネルギー F に対する次の関係が得られる．

$$F = -k_B T \ln Z \tag{10.7}$$

(10.7)は統計力学における基本的な方程式で，体系のミクロな性質に基づき Z を求めれば，マクロな熱力学的物理量が導かれることを意味している．熱平衡が成り立つ場合，統計力学の課題は分配関数を求めることである．

体積が一定のときギブス・ヘルムホルツの式は
$$d\left(\frac{F}{T}\right) = -U\frac{dT}{T^2}$$
と表される．

10.2 分配関数

[参考] 正準分布の物理的な意味　10.1 節で導入した変数 β は M 個の体系のどれにも共通であり，温度の役割をもつと期待される．とくに，M 個の内の 1 つに注目すればその体系が，他のものとエネルギーのやりとりをして，エネルギー E_i の状態を占める確率 p_i が (10.2)，(10.3) (p.130) により

$$p_i = \frac{\exp(-\beta E_i)}{\sum_i \exp(-\beta E_i)} \qquad ④$$

と表される．注目する体系以外のものを熱源と考えれば，正準分布 ④ は熱源と接触して熱平衡にある体系の確率分布を表すと考えられる．

> 8.1 節で言及した Γ 空間中の $E \sim E + \Delta E$ の範囲内での分布を**小正準分布**という．

[補足] ボルツマンの原理　正準集団に対するボルツマンの原理は演習問題 1 で学ぶように

$$S = \frac{k_B \ln W}{M} \qquad ⑤$$

と表される．

例題 2　体系を構成する粒子の間に相互作用が働かない自由粒子の集まりを考える．$1, 2, \cdots$ 番目の粒子のエネルギーを $e^{(1)}, e^{(2)}, \cdots$ などと表せば，全系のエネルギー E は

$$E = e^{(1)} + e^{(2)} + \cdots \qquad ⑥$$

と書ける．このような自由粒子の集まりに関する以下の設問に答えよ．
(a) 全系の分配関数と個々の粒子の分配関数との関係について考察せよ．
(b) 個々の粒子のマクスウェル・ボルツマン分布を導け．

[解]　(a) 全系の分配関数 Z は ⑥ を利用し

$$Z = \sum \exp[-\beta(e^{(1)} + e^{(2)} + \cdots)] \qquad ⑦$$

と表される．ここで $\sum$ な可能な状態に関する和である．1 個の粒子に対する分配関数 f は

$$f = \sum \exp(-\beta e)$$

と書けるので，⑦ から $Z = f^N$ が得られる．

(b) 例えば 1 番目の粒子に注目し，(10.2) (p.130) でそれ以外の粒子の状態について和をとれば，この和は分母，分子で消える．こうして，1 つの粒子が e の状態をとる確率は $\exp(-\beta e)$ に比例し，マクスウェル・ボルツマン分布が得られる．

> 小正準分布の場合には $e^{(1)} + e^{(2)} + \cdots =$ 一定　という制限がつく．しかし正準分布ではそのような制限はないので ⑦ で各粒子のエネルギーは独立に変わるとして和をとればよい．

気体への応用　単原子分子の理想気体を考え，$\varGamma$ 空間を体積 a の細胞に分割し，(10.3) (p.130) の i に関する和を $\varGamma$ 空間中での積分で表す（演習問題 2）．(9.3) (p.114) の直下で述べた $N!$ による割り算を考慮すると

$$Z = \frac{1}{N!\,a} \int \prod d\boldsymbol{r}d\boldsymbol{p}$$
$$\times \exp\left[-\frac{1}{k_\mathrm{B}T}\sum \frac{1}{2m}(p_x{}^2 + p_y{}^2 + p_z{}^2)\right] \quad (10.8)$$

と書ける．ただし，$\prod, \sum$ はそれぞれすべての粒子に関する積，和を意味する．上式から Z は

$$Z = V^N (2\pi m k_\mathrm{B} T)^{3N/2}/N!\,a$$

と計算される．量子力学における不確定性関係を考慮し体積 a を $a = h^{3N}$ ととる．こうして Z は

$$Z = \frac{(2\pi m k_\mathrm{B} T)^{3N/2} V^N}{N!\, h^{3N}} \quad (10.9)$$

と表される．これを (10.7) (p.132) に代入すると

$$F = -k_\mathrm{B} T \ln \frac{(2\pi m k_\mathrm{B} T)^{3N/2} V^N}{N!\, h^{3N}} \quad (10.10)$$

が得られる．したがって，圧力 p は

$$p = k_\mathrm{B} T N \frac{d(\ln V)}{dV} = \frac{N k_\mathrm{B} T}{V} \quad (10.11)$$

と計算され，理想気体の状態方程式が導かれる．

不完全気体　粒子の間に相互作用が働くような気体を不完全気体という．粒子間の相互作用を記述するポテンシャル U は一般に粒子の座標 $\boldsymbol{r}_1, \boldsymbol{r}_2, \cdots, \boldsymbol{r}_N$ の関数である．例題 3 に示すように，運動量に関する積分は実行でき，分配関数 Z は

$$Z = \frac{(2\pi m k_\mathrm{B} T)^{3N/2}}{N!\, h^{3N}} Q \quad (10.12)$$

と表される．ただし，Q は

$$Q = \int \prod d\boldsymbol{r}\, \exp\left(-\frac{U}{k_\mathrm{B}T}\right) \quad (10.13)$$

で定義される．

$\beta = \frac{1}{k_\mathrm{B}T}$ である．

量子力学の不確定性関係は h をプランク定数として $\Delta x \Delta p_x \simeq h$ と書ける．

$p = -\left(\frac{\partial F}{\partial V}\right)_T$ が成り立つ．

現実の気体は多かれ少なかれ不完全気体である．

例題 3 不完全気体の分配関数が，(10.12)，(10.13) のように表されることを示せ．

解 系の全エネルギー E は粒子の運動エネルギーとポテンシャルの和となり

$$E = \sum \frac{1}{2m}(p_x{}^2 + p_y{}^2 + p_z{}^2) + U \qquad ⑧$$

と書ける．(10.8) と同様に分配関数を Γ 空間中での積分で表すと，その結果は

$$Z = \frac{1}{N!\,a} \int \prod d\bm{r} d\bm{p}$$
$$\times \exp\left[-\frac{1}{k_\mathrm{B}T}\sum \frac{1}{2m}(p_x{}^2 + p_y{}^2 + p_z{}^2) - \frac{U}{k_\mathrm{B}T}\right]$$

で与えられる．運動量に関する積分は理想気体の場合と同じとなり，上式は

$$Z = \frac{(2\pi m k_\mathrm{B}T)^{3N/2}}{N!\,h^{3N}} \int \prod d\bm{r}\, \exp\left(-\frac{U}{k_\mathrm{B}T}\right)$$

と表され，(10.12)，(10.13) が導かれる．理想気体の場合には $U = 0$ で上記の積分は V^N となり，上式は (10.9) に帰着する．

⑧ の $\sum$ はすべての粒子に関する和を意味する．

$a = h^{3N}$ とおく．

参考 ビリアル展開　不完全気体の状態方程式では理想気体に対する補正項が加わり，通常

$$\frac{pV}{Nk_\mathrm{B}T} = 1 + B\rho + C\rho^2 + \cdots \qquad ⑨$$

と表される．ここで ρ は気体の数密度で

$$\rho = \frac{N}{V} \qquad ⑩$$

で定義される．⑨のような展開をビリアル展開，B, C をそれぞれ第二，第三ビリアル係数という．⑨は ρ の小さいとき有効な展開となっていて低密度の場合に正しい結果を与える．演習問題 3 で初等的に B を求める方法を紹介した．ビリアル展開の一般項と分子間のポテンシャルとの関係を考察するのは不完全気体の理論に課せられた問題だが現在ではその一般的な構造が知られている．通常は第二ビリアル係数の温度依存性から分子間ポテンシャルに含まれる定数を決め，このポテンシャルに対する知見を得ている．

B を第二，C を第三のビリアル係数と伝統的に呼んでいるが，⑨右辺の第 1 項 1 が第一ビリアル係数に対応したものである．

10.3 大正準集団

粒子の交換　正準集団ではエネルギーが互いに交換できるような体系の集団を考えた．ここでは，エネルギーだけでなく，さらに粒子の交換も可能な場合を考察しよう．このような集団を**大正準集団**という．図 10.1 で体系間の壁を通じてエネルギーと粒子が自由に交換する場合を想像すればよい．以下，簡単のため 1 種類の粒子から成り立っている体系を扱う．粒子の交換を許したのだから，1 つの体系中の粒子数 N は一定でなく原理的には 0 から ∞ まで変化する．N が変わると，それに伴い体系を記述する Γ 空間の構造も変わるが，N を固定したとき体系を表す Γ 空間内の i 番目の細胞に相当するエネルギーを $E_{N,i}$ と書く．現在の問題では体系の状態を指定する変数として N, i の 2 つが必要となる．

> 各体系は一定の体積 V をもつとする．

大正準分布と大分配関数　M 個の体系の内，状態 N, i にあるものの数を $M_{N,i}$ としよう．M 個のものをそのように分ける配置数を W とすれば，W はこれまでと同じような議論で求まり

$$W = \frac{M!}{\prod_{N,i} M_{N,i}!} \tag{10.14}$$

> 簡単のため N, i に関する総和を $\sum$ で表し，また場合により $E_{N,i}$ を単に E と書く．

で与えられる．M 個の体系全体の粒子数，エネルギーを一定に保つという条件下で上の W を最大化すると，前節の正準分布を一般化した結果が求まる（例題 4）．$p_{N,i} = M_{N,i}/M$ は 1 つの体系が粒子数 N をもち，エネルギーが $E_{N,i}$ の状態をとる確率であるが，これは

$$p_{N,i} = \frac{\lambda^N \exp(-\beta E_{N,i})}{Z_\mathrm{G}} \tag{10.15}$$

と書ける．確率の規格化条件から Z_G は

$$Z_\mathrm{G} = \sum_{N,i} \lambda^N \exp(-\beta E_{N,i}) \tag{10.16}$$

と表される．(10.15) の分布を**大正準分布**，λ を**フガシティ**，Z_G を**大分配関数**という．

10.3 大正準集団

例題 4 M 個の体系全体のエネルギーを一定値 E_0, 全体の粒子数を一定値 N_0 に保つという条件を使い大正準分布を導け.

解 $M_{N,i}$ に対する条件は

$$\sum M_{N,i} = M$$
$$\sum E_{N,i} M_{N,i} = E_0$$
$$\sum N M_{N,i} = N_0$$

と書ける. $M_{N,i}$ に変分 $\delta M_{N,i}$ を与えたとすれば, W が最大という条件は $\delta \ln W = 0$ と表される. スターリングの公式を利用すると, この関係は次のようになる.

$$\sum \ln M_{N,i} \delta M_{N,i} = 0$$

M, N_0, E_0 は一定に保つとするので変分 $\delta M_{N,i}$ に対して

$$\sum \delta M_{N,i} = 0$$
$$\sum E_{N,i} \delta M_{N,i} = 0$$
$$\sum N \delta M_{N,i} = 0$$

の条件が課せられる. ラグランジュの未定乗数 α, β, γ を導入すると, 上述の方程式から

$$\sum (\ln M_{N,i} + \alpha + \beta E_{N,i} + \gamma N) \delta M_{N,i} = 0$$

が得られる. 上式で $\delta M_{N,i}$ の係数を 0 とおき

$$M_{N,i} = \exp(-\alpha - \beta E_{N,i} - \gamma N)$$

が導かれる. あるいは, $e^{-\alpha} = M/Z_G$, $e^{-\gamma} = \lambda$ とすれば

$$M_{N,i} = \frac{M}{Z_G} \lambda^N \exp(-\beta E_{N,i})$$

が成り立つ. $p_{N,i}$ は $M_{N,i}/M$ に等しいので上式から (10.15) が得られる.

> 変分をとるとき $E_{N,i}$ は一定であるとする.

参考 正準集団と大正準集団 巨視的な体系の粒子数は特別な場合を除き事実上一定であるとしてよい. このため大正準集団は正準集団に帰着し, 大正準分布は正準分布と同じであると考えられる. 本書では詳しい話に立ち入らないが量子統計の場合には大正準分布の方が数学的な扱いが簡単である.

> 粒子数のゆらぎについては 10.6 節で述べる.

補足 フガシティ フガシティを別名で**逃散能**といい, 1 つの物質がその属する相から逃れ出そうとする傾向を示す尺度である. 次節で説明するように系の化学ポテンシャルを μ とすれば $\lambda = e^{\beta \mu}$ の関係が成り立つ.

> 化学ポテンシャルについては 5.7 節で学んだ.

10.4 大分配関数

大分配関数の物理的な意味 (10.15)（p.136）中にボルツマン因子に相当する $\exp(-\beta E_{N,i})$ が現れるから β は従来通り $\beta = 1/k_\mathrm{B}T$ であることがわかる．また，2つの体系の間で自由に粒子が交換するとき，5.7節で学んだように平衡状態では両体系の化学ポテンシャルは同じとなる．上で導入した λ は各体系で等しいから，それは化学ポテンシャルと関係していると期待される．この点を明確にするため，体積を一定に保ち，$\beta \to \beta + d\beta$, $\lambda \to \lambda + d\lambda$ と変化させたとすれば，それに伴う $\ln Z_\mathrm{G}$ の変化は

> 右式では $E_{N,i}$ を簡単に E と書いた．

$$d(\ln Z_\mathrm{G}) = \frac{-\sum E \lambda^N \exp(-\beta E) d\beta}{Z_\mathrm{G}}$$
$$+ \frac{\sum N \lambda^{N-1} \exp(-\beta E) d\lambda}{Z_\mathrm{G}}$$
$$= -\langle E \rangle d\beta + \langle N \rangle \frac{d\lambda}{\lambda} \qquad (10.17)$$

と表される．ただし，$\langle E \rangle$, $\langle N \rangle$ はそれぞれエネルギー，粒子数の大正準分布に対する平均値である．

熱力学との比較 体積が一定であるとすれば，熱力学におけるp.67の⑳の関係は

$$d\left(\frac{pV}{T}\right) = N d\left(\frac{\mu}{T}\right) + \frac{U}{T^2} dT \qquad (10.18)$$

と書ける．また (10.17) に $\beta = 1/k_\mathrm{B}T$ を代入すると

$$d(\ln Z_\mathrm{G}) = \langle N \rangle d(\ln \lambda) + \frac{\langle E \rangle}{k_\mathrm{B}T^2} dT \qquad (10.19)$$

となる．熱力学での N, U は統計力学における $\langle N \rangle$, $\langle E \rangle$ に等しいと考えられる．したがって，(10.18)，(10.19) の両式を比較し次の結果が導かれる．

$$\ln \lambda = \frac{\mu}{k_\mathrm{B}T} \quad \therefore \quad \lambda = \exp\left(\frac{\mu}{k_\mathrm{B}T}\right) \qquad (10.20)$$

$$pV = k_\mathrm{B}T \ln Z_\mathrm{G} \qquad (10.21)$$

10.4 大分配関数

例題 5 大正準分布,大分配関数は化学ポテンシャルを使うとどのように表されるか.

解 (10.20) から導かれる $\lambda = e^{\beta\mu}$ を (10.15), (10.16) に代入すると

$$p_{N,E} = \frac{\exp[\beta(\mu N - E)]}{\sum \exp[\beta(\mu N - E)]} \quad ⑪$$

が得られる. $p_{N,E}$ は1つの体系が温度 T の熱源と接していてしかも化学ポテンシャル μ の粒子の供給源と粒子の交換をするとき,粒子数が N になりエネルギーが E の状態を占めるような確率を表す.また,大分配関数は

$$Z_G = \sum \exp[\beta(\mu N - E)] \quad ⑫$$

と表される.ただし,⑫ の $\sum$ は粒子数およびすべての可能な状態に関する和である.

参考 状態方程式と $\ln Z_G$ (10.21) は一種の状態方程式を与える.しかし,この式には粒子数があらわに現れていないので,通常の形の状態方程式を導くには λ を $\langle N \rangle$ の関数として求める必要がある.そのため,(10.17) で β を一定にすれば

$$\frac{\langle N \rangle}{\lambda} = \left(\frac{\partial \ln Z_G}{\partial \lambda}\right)_\beta \quad ⑬$$

となることに注目する.(10.17) は体積一定の場合に成り立つこと,β は基本的に温度である点に注意すれば

$$\langle N \rangle = \left(\lambda \frac{\partial \ln Z_G}{\partial \lambda}\right)_{T,V} \quad ⑭$$

が得られる.あるいは,$d\lambda/\lambda = d\ln\lambda$ を使うと ⑬ は

$$\langle N \rangle = \left(\frac{\partial \ln Z_G}{\partial \ln \lambda}\right)_\beta$$

と書けるので,変数として λ のかわりに μ をとる場合には

$$\langle N \rangle = k_B T \left(\frac{\partial \ln Z_G}{\partial \mu}\right)_{T,V} \quad ⑮$$

を使えばよい.$\ln Z_G$ は一般に T, V, λ の関数である.このため,(10.21) は $pV/k_B T = F(T, V, \lambda)$ という間接的な状態方程式を与える.⑭ を利用すると,λ は $T, V, \langle N \rangle$ の関数となり,これを $pV/k_B T = F(T, V, \lambda)$ に代入すれば通常の意味での状態方程式が求まる.

⑪では $E_{N,i}$ を E で表してある.

大正準集団では各体系の間で自由に粒子が交換される.このため,1つの体系に注目すると他の体系は粒子の供給源となる.

10.5 分配関数と大分配関数

分配関数と大分配関数との関係　　分配関数 Z は一般に T, V, N の関数である．すなわち，$Z = Z(T, V, N)$ と表される．一方，大分配関数に対する表式 (10.16)（p.136）で N を固定した i に関する和は $Z(T, V, N)$ に等しい．したがって，Z_G は

$$Z_G = \sum_{N=0}^{\infty} \lambda^N Z(T, V, N) \tag{10.22}$$

と表される．すなわち，Z_G は T, V, λ の関数となる．また，(10.22) を利用すると，分配関数が既知のとき大分配関数 Z_G を求めることができる．単原子分子の理想気体の場合を例題 6 で論じる．

熱力学ポテンシャル　　Z_G は T, V, λ の関数であるが，λ を μ の関数で表したとし，Z_G から

$$Z_G = \exp[-\beta \Omega(T, V, \mu)] \tag{10.23}$$

の関係によって定義される Ω を熱力学ポテンシャルという．(10.23) を (10.21)（p.138）に代入すると

$$\Omega = -pV \tag{10.24}$$

となり，この微分をとって

$$d\Omega = -pdV - Vdp \tag{10.25}$$

が導かれる．あるいは，ギブス・デュエムの関係を (10.25) に代入すると

$$d\Omega = -SdT - pdV - Nd\mu \tag{10.26}$$

が得られる．これから，粒子数は

$$N = -\left(\frac{\partial \Omega}{\partial \mu}\right)_{T,V} \tag{10.27}$$

と書けることがわかる．同様に，(10.26) から

$$S = -\left(\frac{\partial \Omega}{\partial T}\right)_{V,\mu}, \quad p = -\left(\frac{\partial \Omega}{\partial V}\right)_{T,\mu} \tag{10.28}$$

の関係が導かれる．

> 正準集団では体系の粒子数 N は一定とする．

> p.65 の⑰のギブス・デュエムの関係は $Vdp = Nd\mu + SdT$ と書ける．

> 熱力学ポテンシャルは量子統計力学において有効に使われる．

10.5 分配関数と大分配関数

例題 6 単原子分子の理想気体に対する大分配関数を求めよ.

解 分配関数 Z は (10.9) (p.134) で与えられるので, Z_G は

$$Z_G = \sum_{N=0}^{\infty} \lambda^N \frac{(2\pi m k_B T)^{3N/2} V^N}{N! h^{3N}}$$

と書ける. 上式の右辺の和は指数関数の展開式となり, Z_G は

$$Z_G = \exp\left(\frac{\lambda (2\pi m k_B T)^{3/2} V}{h^3}\right) \quad ⑯$$

と求まる. したがって, (10.21) により

$$\frac{pV}{k_B T} = \frac{\lambda (2\pi m k_B T)^{3/2} V}{h^3} \quad ⑰$$

が得られる.

参考 λ と $\langle N \rangle$ との関係 前述のように, 状態方程式を導くには λ を $\langle N \rangle$ の関数として求める必要がある. ⑯ を利用すると, ⑭ から

$$\langle N \rangle = \frac{\lambda (2\pi m k_B T)^{3/2} V}{h^3} \quad ⑱$$

が得られる. ⑰ の右辺と ⑱ の右辺は等しいから

$$\frac{pV}{k_B T} = \langle N \rangle$$

という関係が成り立つ. 後で示すように粒子数のゆらぎは極めて小さく, 事実上 $\langle N \rangle$ は普通の意味での粒子数と考えてよい. こうして, 上式は通常の状態の方程式と一致することがわかる.

例題 7 単原子分子の理想気体に対する化学ポテンシャルを求めよ.

解 (10.20) (p.138) により μ は $\mu = k_B T \ln \lambda$ と表される. この式の λ に ⑱ を代入し, μ は

$$\mu = k_B T \ln \frac{\langle N \rangle h^3}{(2\pi m k_B T)^{3/2} V} \quad ⑲$$

と計算される.

補足 化学ポテンシャルの示強性 ⑲ で $\langle N \rangle$ は巨視的な粒子数 N に等しいと考えてよいので, 化学ポテンシャルは数密度 ρ と温度の関数となる. 数密度も温度も示強性の物理量であるから, 化学ポテンシャルも示強性の量である.

指数関数 e^x は

$$e^x = \sum_{N=0}^{\infty} \frac{x^N}{N!}$$

と表される.

数密度 ρ は $\rho = N/V$ と定義される.

10.6 ゆらぎ

　熱平衡にある体系の物理量はその平均値のまわりでゆらいでいる．統計力学は物理量の平均値だけでなく，ゆらぎを論じる手段を提供してくれる．ここではエネルギーと粒子数のゆらぎについて述べることにする．

エネルギーのゆらぎ　　正準集団中の 1 つの体系は周辺とエネルギーの交換をするので，エネルギー E は確定値をもつのではなく平均値のまわりでゆらぐ．E の標準偏差を ΔE とすれば，ΔE は

$$(\Delta E)^2 = \langle (E - \langle E \rangle)^2 \rangle \tag{10.29}$$

と定義される．ここで $\langle\ \rangle$ は正準集団に対する平均を表す．(10.29) はまた次のように書ける．

$$(\Delta E)^2 = \langle E^2 \rangle - \langle E \rangle^2 \tag{10.30}$$

エネルギーのゆらぎについては右ページの例題 8 と演習問題 5, 7 を参照せよ．

粒子数のゆらぎ　　大正準集団の場合，粒子数 N は一定ではないが，N の大正準分布に対する平均値 $\langle N \rangle$ は事実上巨視的な粒子数に等しいと考えられる．その理由を明らかにするため，大正準集団における粒子数のゆらぎを論じていく．粒子数 N の標準偏差を ΔN とすればエネルギーのときと同様

$$(\Delta N)^2 = \langle (N - \langle N \rangle)^2 \rangle = \langle N^2 \rangle - \langle N \rangle^2 \tag{10.31}$$

が成り立つ．この ΔN は粒子数のゆらぎを記述する 1 つの目安となる．大正準分布を用いると

$$\langle N \rangle = \frac{\sum N \exp[\beta(\mu N - E)]}{Z_{\mathrm{G}}} \tag{10.32}$$

であるが，これから

$$\left(\frac{\partial \langle N \rangle}{\partial \mu} \right)_{T,V} = \beta (\langle N^2 \rangle - \langle N \rangle^2) \tag{10.33}$$

の関係が導かれる（例題 9）．

正準集団では，粒子数は一定とするため，粒子数のゆらぎはない．

(10.29) の右辺は
$\langle E^2 \rangle - 2\langle E \rangle \langle E \rangle + \langle E \rangle^2$
$= \langle E^2 \rangle - \langle E \rangle^2$
と計算される．

以下，大正準分布に関する平均をこれまでと同様 $\langle\ \rangle$ の記号で表す．エネルギーの標準偏差は (10.30) と同じ式で定義される．

大正準分布の場合の $\sum$ は粒子数と可能なエネルギー状態に関する和である．

10.6 ゆらぎ

例題 8 正準分布の場合

$$(\Delta E)^2 = \langle E^2 \rangle - \langle E \rangle^2 = \frac{\partial^2 \ln Z}{\partial \beta^2} \quad \text{⑳}$$

の関係が成り立つことを証明せよ.

解 分配関数 Z は

$$Z = \sum \exp(-\beta E)$$

と定義されるから

$$\frac{\partial \ln Z}{\partial \beta} = -\frac{\sum E \exp(-\beta E)}{\sum \exp(-\beta E)}$$

となる. 上式をもう 1 回 β で偏微分すれば

$$\frac{\partial^2 \ln Z}{\partial \beta^2} = \frac{\sum E^2 \exp(-\beta E)}{\sum \exp(-\beta E)} - \frac{[\sum E \exp(-\beta E)]^2}{[\sum \exp(-\beta E)]^2}$$
$$= \langle E^2 \rangle - \langle E \rangle^2$$

と計算され与式が導かれる.

> 簡単のため, E_i の添字 i と $\sum$ 下の記号 i を省略する.

例題 9 (10.33) の関係を証明せよ.

解 T, V が一定という条件の下で (10.32) を μ で偏微分すると

$$\left(\frac{\partial \langle N \rangle}{\partial \mu}\right)_{T,V} = \frac{\sum \beta N^2 \exp[\beta(\mu N - E)]}{Z_\mathrm{G}}$$
$$- \frac{\sum N \exp[\beta(\mu N - E)]}{Z_\mathrm{G}^2} \left(\frac{\partial Z_\mathrm{G}}{\partial \mu}\right)_{T,V}$$

となる. 上式の第 1 項は $\beta \langle N^2 \rangle$ である. また

$$\frac{1}{Z_\mathrm{G}} \left(\frac{\partial Z_\mathrm{G}}{\partial \mu}\right)_{T,V} = \beta \langle N \rangle$$

と書けるので第 2 項は $\beta \langle N \rangle^2$ と等しくなり, その結果, (10.33) が導かれる.

参考 **理想気体の場合** ΔN の具体例として単原子分子の理想気体を考える. ⑱ (p.141) に $\lambda = e^{\beta\mu}$ を代入すると

$$\langle N \rangle = \frac{e^{\beta\mu} (2\pi m k_\mathrm{B} T)^{3/2} V}{h^3}$$

の関係が成り立つ. これを μ で偏微分すると $(\partial \langle N \rangle / \partial \mu)_{T,V} = \beta \langle N \rangle$ が導かれる. したがって, (10.33) は $(\Delta N)^2 = \langle N \rangle$ と表される. すなわち, 理想気体の場合, 次式が成り立つ.

$$\frac{\Delta N}{\langle N \rangle} = \frac{1}{\langle N \rangle^{1/2}} \quad \text{㉑}$$

> (10.33) は $(\Delta N)^2 = k_\mathrm{B} T \left(\frac{\partial \langle N \rangle}{\partial \mu}\right)_{T,V}$ と書ける.

> $\langle N \rangle \sim 10^{22}$ だと $\Delta N / \langle N \rangle \sim 10^{-11}$ で粒子数のゆらぎは無視できる.

$(\Delta N)^2$ に対する熱力学の関係　　一般的な体系で粒子数のゆらぎを論じるため，(10.33) (p.142) の左辺で $\langle N \rangle$ は熱力学における粒子数であるとみなす．その結果，同式は

$$(\Delta N)^2 = k_B T \left(\frac{\partial N}{\partial \mu} \right)_{T,V} \tag{10.34}$$

と書ける．以下，熱力学の立場で右辺の量を計算する．一般に，化学ポテンシャル μ は温度 T と数密度 ρ の関数である（演習問題 6）．そこで μ を

$$\mu = \mu(T, \rho) \tag{10.35}$$

と表す．μ と圧力 p を温度 T, ρ の関数と考え，熱力学の関係を利用すると，右ページの例題 10 で示すように

$$(\Delta N)^2 = -k_B T \frac{N^2}{V^2} \left(\frac{\partial V}{\partial p} \right)_{T,N} \tag{10.36}$$

が導かれる．

粒子数のゆらぎと圧縮率　　図 **10.2** に示すように，体積 V の物体に加わっている圧力を Δp だけ増加させたときの体積の変化分を ΔV と書く．$\Delta V / V$ を**体積変化率**という．これを Δp で割り

$$\kappa = -\frac{\Delta V / V}{\Delta p} \tag{10.37}$$

で κ を定義すると，これは定数となることが知られている．この κ を**圧縮率**という．特に，温度が一定という条件下での κ を**等温圧縮率**といい，以下それを κ_T の記号で表す．状態変化の際，当然粒子数 N は一定であるから，(10.37) で $\Delta p \to 0$ の極限をとると，κ_T は

$$\kappa_T = -\frac{1}{V} \left(\frac{\partial V}{\partial p} \right)_{T,N} \tag{10.38}$$

と表される．(10.36) と (10.38) を組み合わせると

$$\frac{(\Delta N)^2}{N} = k_B T \rho \kappa_T \tag{10.39}$$

が導かれる．上式の右辺は示強性の量であり，このため一般的に $\Delta N / N$ は $N^{-1/2}$ の程度となる．

⑲ の具体的な計算で示したように，理想気体の μ は T と ρ の関数である．

(10.37) に − の符号がついているのは，$\Delta p > 0$ ならば $\Delta V < 0$ なので，$\kappa > 0$ になるよう符号を選ぶためである．

粒子数のゆらぎは無視でき，粒子数は一定としてよい．

10.6 ゆらぎ

例題 10 (10.34) の右辺を変形し，(10.36) を導け．

解 (10.35) で T, V を一定に保ち，両辺を N で偏微分すると

$$\left(\frac{\partial \mu}{\partial N}\right)_{T,V} = \left(\frac{\partial \mu}{\partial \rho}\right)_T \left(\frac{\partial \rho}{\partial N}\right)_V = \left(\frac{\partial \mu}{\partial \rho}\right)_T \frac{1}{V} \quad \text{㉒}$$

が得られる．次に，圧力 p を (10.35) と同様に

$$p = p(T, \rho) \quad \text{㉓}$$

と書き，T, V を一定に保ち，㉓を V で偏微分する．その結果

$$\left(\frac{\partial p}{\partial V}\right)_{T,N} = \left(\frac{\partial p}{\partial \rho}\right)_T \left(\frac{\partial \rho}{\partial V}\right)_N = -\left(\frac{\partial p}{\partial \rho}\right)_T \frac{N}{V^2} \quad \text{㉔}$$

が導かれる．ここでギブス・デュエムの関係に注目する．温度は一定であるとしてよいから，$dT = 0$ とおくと

$$N d\mu - V dp = 0 \quad \text{㉕}$$

となり，両辺を $d\rho$ で割ると

$$\left(\frac{\partial \mu}{\partial \rho}\right)_T = \frac{1}{\rho}\left(\frac{\partial p}{\partial \rho}\right)_T \quad \text{㉖}$$

が得られる．あるいは，数密度 ρ が $\rho = N/V$ であることを使うと，上式から㉒，㉔により次式が導かれる．

$$\left(\frac{\partial \mu}{\partial N}\right)_{T,V} = \frac{1}{\rho V}\left(\frac{\partial p}{\partial \rho}\right)_T$$

$$= \frac{1}{N}\left(\frac{\partial p}{\partial \rho}\right)_T = -\frac{V^2}{N^2}\left(\frac{\partial p}{\partial V}\right)_{T,N}$$

偏微分記号の添字をそのままにしておいて逆数をとると，偏微分の分母，分子が入れ替わる．よって上式の逆数をとり

$$\left(\frac{\partial N}{\partial \mu}\right)_{T,V} = -\frac{N^2}{V^2}\left(\frac{\partial V}{\partial p}\right)_{T,N}$$

と書け，これを (10.34) に代入すると (10.36) が導かれる．

参考 理想気体の場合 理想気体の等温圧縮率は $\kappa_T = 1/p$ と計算され，(10.39) に代入すると $(\Delta N)^2/N = k_B T \rho/p$ となる．理想気体の状態方程式は $p = k_B T \rho$ と書けるのでこの式の右辺は 1 で㉑の結果が得られる．

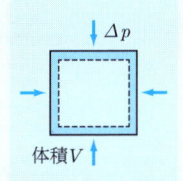

図 10.2 圧縮率

$\rho = N/V$ から
$$\left(\frac{\partial \rho}{\partial N}\right)_V = \frac{1}{V}$$
となる．

ギブス・デュエムの関係 (p.65) は $Nd\mu + SdT - Vdp = 0$ である．

理想気体では $V = Nk_B T/p$ でこれから $\kappa_T = 1/p$ と計算される．

演習問題 第10章

1. 正準集団を考えたとき，エントロピーは配置数 W とどのような関係をもつか．その表式をもとに，W を最大化した物理的な理由について述べよ．

2. Γ 空間を体積 a の細胞に分割したとき，分配関数 Z はどのような形に表されるか．

3. 粒子間に二体力が働く不完全気体を考え，粒子 i と粒子 j との間のポテンシャルを v_{ij} とする．次の関係
$$\exp(-\beta v_{ij}) = 1 + f_{ij}$$
で定義される f_{ij} を**マイヤーの f 関数**という．(10.13) (p.134) で定義した Q を f の一次の項まで展開し，以下の問に答えよ．
   (a) $\ln Z$ を上述の項まで求めよ．
   (b) (a) の結果を利用して，第二ビリアル係数 B に対する表式を導出せよ．

4. 任意の物理量 A の正準分布に対する平均値について
$$-\frac{\partial \langle A \rangle}{\partial \beta} = \langle EA \rangle - \langle E \rangle \langle A \rangle$$
の関係が成り立つことを証明せよ．

5. 一般に，体系の定積熱容量 C_v は正準分布におけるエネルギーのゆらぎと関係している．これをみるためエネルギーの標準偏差 ΔE を $(\Delta E)^2 = \langle E^2 \rangle - \langle E \rangle^2$ として
$$C_v = \frac{(\Delta E)^2}{k_B T^2}$$
の等式を導け．また，この結果を用い，C_v は決して負にはならないことを証明せよ．

6. 化学ポテンシャル μ が示強性の量であることに注目し，μ は温度 T，数密度 $\rho = N/V$ の関数であることを示せ．

7. 単原子分子の理想気体を考察し，そのエネルギーのゆらぎは正準分布，大正準分布に対しそれぞれ
$$(\Delta E)^2 = \frac{3}{2} N(k_B T)^2, \quad (\Delta E)^2 = \frac{15}{4} N(k_B T)^2$$
であることを示せ．また，分布により結果が違う理由を明らかにせよ．

演習問題略解

第1章

1 $(カ氏温度) = \left(\dfrac{9}{5} \times 20 + 32\right){}^\circ\mathrm{F} = 68\,{}^\circ\mathrm{F}$

2 (1.1) (p.2) の (カ氏温度) に 8 を代入すると (セ氏温度) は次のように計算される.
$$(セ氏温度) = -24 \times \dfrac{5}{9}\,{}^\circ\mathrm{C} = -13.3\,{}^\circ\mathrm{C}$$

3 $0\,{}^\circ\mathrm{F}$ は $-32 \times \dfrac{5}{9}\,{}^\circ\mathrm{C} = -17.78\,{}^\circ\mathrm{C}$ に等しくこれを絶対温度で表すと次のようになる.
$$T = (-17.78 + 273.15)\,\mathrm{K} = 255.37\,\mathrm{K}$$

4 (a) 庭に水をまくと水が蒸発し,その際,周囲から気化熱を奪うので涼しくなる.
(b) 人間には汗腺から汗が出ているため,扇子や団扇で扇ぐと汗が蒸発し熱が奪われる.
(c) 犬には汗腺がないので激しく息を吐き水分を蒸発させるようにする.

5 図のように超伝導体の表面が平面として,その上に棒磁石があるとする.表面に対し上下対称に仮想的な磁石があるとし,両磁石の磁力線を合成すると表面で磁力線は平面と平行となり,超伝導体に磁力線が侵入しないという条件を満たす.このような 2 つの磁石の間には斥力が働くため浮き磁石が実現する.

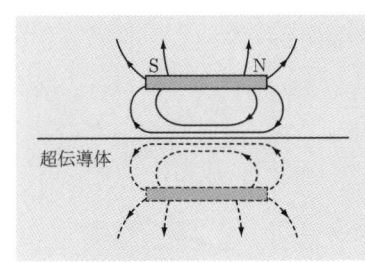

実線は実際の磁力線,点線は仮想的な磁力線を表す.実際には磁力線は超伝導体内部に侵入せず,そこで磁場は 0 となる.

6 モーターのコイルとか各電気製品への導線などにそのような導線を使えばエネルギーの損失がないので大きなメリットとなる.反面,電熱器,電気炊飯器,電気ポットなど電気抵抗が有限のため生じる熱を利用する器具にはそのような導線は使用できない.

7 ④ (p.9) は $p_A V_A = p_B V_B = p_C V_C$ と書け,これがいまの体系の温度となる.

8 非接触の温度計測では食品などに対する衛生的な温度測定ができる.また,遠く離れて物体の温度が測定可能となる.

第2章

1 ①, ②, ③ はそれぞれ氷が水になる熱量, $0\,°\mathrm{C}$ の水が $100\,°\mathrm{C}$ になる熱量, $100\,°\mathrm{C}$ の水がすべて水蒸気になる熱量である. したがって, 求める熱量はこれらの和となり ④ が正しい答を与える.

2 $1\,\mathrm{g}$ の水の温度を $1\,\mathrm{K}$ だけ高めるのに必要な熱量は $1\,\mathrm{cal}$ であるから, 水の比熱 c は $c = 1\,\mathrm{cal/g \cdot K}$ である. また, 温度上昇は $80\,\mathrm{K}$ となり, 必要な熱量 Q は (2.1) (p.16) により次のように計算される.

$$Q = 1500 \times 80\,\mathrm{cal} = 1.2 \times 10^5\,\mathrm{cal}$$

3 ① 熱量計の水当量を $m\,\mathrm{g}$ とすれば, 熱量保存則により

$$(m+150)(34.3-20.0) = 100 \times (60.0-34.3)$$

が成り立つ. これから $m = 30\,\mathrm{g}$ となる.

② アルミニウムの球が失った熱量は次のように表される.

$$100 \times c \times (100-38.8)\,\mathrm{cal} = 6120c\,\mathrm{cal}$$

③ 熱量計と水 $(150+100)\,\mathrm{g}$ の受けとった熱量は次のように書ける.

$$(30+250)(38.8-34.3)\,\mathrm{cal} = 1260\,\mathrm{cal}$$

④ ②, ③ の熱量を等しいとおけば $6120c = 1260$ となり, これから c は

$$c = 0.21\,\mathrm{cal/g \cdot K}$$

と求まる.

4 1辺の長さ l の正方形を考え, 例題4と同じ議論を使えば

$$S' = l^2[1+\alpha(t'-t)]^2 \simeq S[1+2\alpha(t'-t)]$$

となる. これからわかるように面積の膨張率はほぼ 2α に等しい.

5 図 2.5 の状態図で図のように $p = $ 一定 の線を引き, 点 A から状態変化が始まるとすれば, 氷と水が共存する状態は融解曲線上の一点で指定される. 全部が水になると B → C と状態変化が起こり, すべてが水蒸気になるまで状態は C, D という点に留まる.

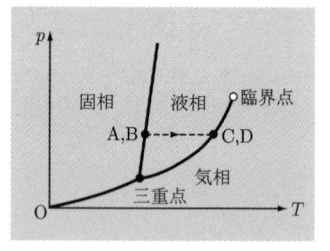

6 (a) $3\,\mathrm{mm} = 3 \times 10^{-3}\,\mathrm{m}$, $500\,\mathrm{cm}^2 = 0.05\,\mathrm{m}^2$ であるから, 毎秒あたりフラスコの内部に流入する熱量 Q は次のように計算される.

$$Q = 0.21 \times 0.05 \times \frac{8}{3 \times 10^{-3}}\,\mathrm{cal/s} = 28\,\mathrm{cal/s}$$

(b) 氷の溶ける速さは, 1秒間に溶ける氷の質量で表すことができ

$$\frac{28\,\mathrm{cal/s}}{80\,\mathrm{cal/g}} = 0.35\,\mathrm{g/s}$$

となる.

第3章

1　$1\,\mathrm{atm} = 1.013 \times 10^5\,\mathrm{N/m^2}$ の関係に注意すると点 A から点 B にいたるまでに気体は外部に対し $2 \times 1.013 \times 10^5\,\mathrm{J}$ だけの仕事をすることがわかる．点 B → 点 C，点 D → 点 A の状態変化では体積変化は 0 で気体のする仕事も 0 である．点 C → 点 D の変化では気体に外部から仕事が加わり，気体のする仕事は $-1.013 \times 10^5\,\mathrm{J}$ となる．したがって，一巡したとき外部にする仕事は両者の和をとり $1.013 \times 10^5\,\mathrm{J}$ と表される．矢印を逆転すると逆の現象が起き，点 B → 点 A で気体のする仕事は $-2 \times 1.013 \times 10^5\,\mathrm{J}$，点 D → 点 C で気体のする仕事は $1.013 \times 10^5\,\mathrm{J}$ で，全体では $-1.013 \times 10^5\,\mathrm{J}$ となる．

2　カロリック説では，カロリックはどんな過程でも増減はしないとするので，高温物体の失ったカロリックは低温物体の受けとったカロリックに等しくなり熱量保存則が導かれる．カロリックという言葉を熱エネルギーと読み替えれば，カロリック説は現代の考え方に移行する．

3　人には $60 \times 9.81\,\mathrm{N} = 588.6\,\mathrm{N}$ の重力が働く．この力に逆らい，$1.5\,\mathrm{m}$ だけ真上にとび上がったとき，人のする仕事 W は $W = 588.6\,\mathrm{N} \times 1.5\,\mathrm{m} = 883\,\mathrm{J}$ と計算される．したがって，これを cal に換算すると

$$Q = \frac{883}{4.19}\,\mathrm{cal} = 211\,\mathrm{cal}$$

と表される．また，水の温度が t だけ上がるとすれば，t は次のようになる．

$$t = \frac{211}{50}\,\mathrm{K} = 4.22\,\mathrm{K}$$

4　時速 $30\,\mathrm{km}$ を国際単位系で表すと $(30000/3600)\,\mathrm{m/s} = 8.33\,\mathrm{m/s}$ である．質量 m の物体が v の速さで運動しているとき，その運動エネルギーは $(1/2)mv^2$ と書ける．2台のトラックを考えるので全体の運動エネルギーは，これを2倍し

$$10^3 \times (8.33)^2\,\mathrm{J} = 6.94 \times 10^4\,\mathrm{J}$$

となる．これを cal に換算すると，以下の結果が得られる．

$$\frac{6.94 \times 10^4}{4.19}\,\mathrm{cal} = 1.66 \times 10^4\,\mathrm{cal}$$

5　(a)　窒素気体 N_2 の分子量は 28 であるから，モル数 n は次のように計算される．

$$n = \frac{5}{28}\,\mathrm{mol} = 0.179\,\mathrm{mol}$$

(b)　状態方程式を用いると，気体の体積は

$$V = \frac{0.179 \times 8.31 \times 303}{2 \times 1.013 \times 10^5}\,\mathrm{m^3} = 2.22 \times 10^{-3}\,\mathrm{m^3}$$

と計算される．

6　①　$0\,^\circ\mathrm{C}$ での体積，圧力をそれぞれ V_0, p_0 とし体積を V_0 に保ったまま，温度を $100\,^\circ\mathrm{C}$ にしたときの圧力を p_{100} と書く．体積が一定の場合，状態方程式から $p/T = $ 一

定 の関係が成り立つ. このため $p_{100}/373 = p_0/273$ となり

$$\frac{p_{100}}{p_0} = \frac{373}{273} = 1.37$$

が得られる. すなわち, ① は 1.37 倍である.

② 温度は 100 °C とするのでボイルの法則が適用でき $pV =$ 一定 が成り立つ. 圧力が p_0 となったときの体積を V' とすれば $p_0 V' = p_{100} V_{100}$ と表される. これから

$$\frac{V'}{V_{100}} = \frac{p_{100}}{p_0} = \frac{373}{273} = 1.37$$

で, ② は 1.37 倍となる.

第 4 章

1　$W = -4$ J, $Q = -3$ cal $= -12.57$ J であり, したがって内部エネルギーの増加分は $W + Q = -16.57$ J と計算される. すなわち, 内部エネルギーは 16.57 J だけ減少する.

2　体系に加わる仕事は W, 加わる熱量は $-Q$ であるから, 内部エネルギーの増加分は両者の和をとり $W - Q$ となる. このため正解は ② である.

3　p.37 と同様な計算により, 内部エネルギーは

$$[(8.4 + 48.0) \times 4 + 3.8 \times 9] \text{kcal} = 260 \text{kcal}$$

となる. これを J 単位に換算すると 1089×10^3 J $= 1.089 \times 10^6$ J に等しい.

4　外部にした仕事 $-W$ は体系が吸収した熱量 Q と同じであり, 4.19×250 J $= 1047.5$ J と計算される.

5　最初の空気の温度, 体積をそれぞれ T_0, V_0 とし, 圧縮後の温度, 体積をそれぞれ T_1, V_1 とすれば, (4.14) (p.42) により

$$T_0 V_0^{\gamma-1} = T_1 V_1^{\gamma-1}$$

が成り立つ. これから T_1 は

$$T_1 = T_0 \left(\frac{V_0}{V_1}\right)^{\gamma-1} = 2^{\gamma-1} T_0$$

となる. 空気は O_2 と N_2 の混合物であり, $\gamma = 1.4$ すなわち $\gamma - 1 = 0.4$ と表される. したがって

$$T_1 = 2^{0.4} \times 273 \text{ K} = 360 \text{ K} = 87 \text{ °C}$$

が得られる.

6　この場合のカルノーサイクルの効率は

$$\eta = \frac{300}{600} = 0.5$$

と計算され, ちょうど 50 % に等しい.

7 $1 \to 2$ の過程は断熱圧縮, $3 \to 4$ の過程は断熱膨張で, 両過程においては熱の出入りがない. $2 \to 3$ の変化では気体が膨張していくから気体の温度が上がり, その変化は吸熱過程であることがわかる. この過程では圧力が一定なので, 定圧熱容量を C_p とすれば, $2 \to 3$ の過程で体系の吸収する熱量 Q_1 は

$$Q_1 = C_p(T_3 - T_2)$$

と表される. また, $4 \to 1$ の変化では定積で圧力が減少していくから, この変化では気体の温度が下がる. すなわち, この変化は放熱過程で, 定積熱容量を C_v とすれば, 放出される熱量 Q_2 は

$$Q_2 = C_v(T_4 - T_1)$$

と書ける. ただし, この場合, 放出する向きを $+$ にとったので $Q_2 > 0$ である. 1 サイクルの間に外部にする仕事 W は $W = Q_1 - Q_2$ と表され, よって効率 η は

$$\eta = \frac{Q_1 - Q_2}{Q_1} = 1 - \frac{C_v(T_4 - T_1)}{C_p(T_3 - T_2)} = 1 - \frac{T_4 - T_1}{\gamma(T_3 - T_2)}$$

と求まる. このようなディーゼルサイクルはカルノーサイクルとは違い, 高温熱源, 低温熱源がそれぞれ一定の温度をもつわけではない. しかし, 1 サイクルの間に熱を吸収しその一部を力学的な仕事に変換するという事情は同じなので, カルノーサイクルと同様な効率が定義できる.

第 5 章

1 $T_1 = 873\,\mathrm{K}$, $T_2 = 273\,\mathrm{K}$ の場合に相当するので, 最大効率は $600/873 = 0.687$ で 68.7 % となる.

2 (a) サイクルの性質により $W + Q = 0$ である. 一般にクラウジウスの不等式により, 等温変化のときには

$$(1/T)\sum Q_i \leq 0$$

が成り立つ. $\sum Q_i$ は 1 サイクルで体系が吸収した熱量 Q に等しい. したがって, 可逆サイクルでは上式で等号が成立するので, $Q = 0$, $W = 0$ となる.

(b) 不可逆サイクルでは上式で不等号が成り立つ. $T > 0$ であるから, $Q < 0$ が得られ, その結果 $W > 0$ となる.

3 (a) 符号を考慮すると, 1 サイクルの後, 冷凍機に加わった仕事, 熱量はそれぞれ W, $Q_2 - Q_1$ であり, サイクルの条件から $W - Q_1 + Q_2 = 0$ となる. すなわち, 次の結果が得られる.

$$W = Q_1 - Q_2$$

(b) 可逆サイクルの場合, クラウジウスの式により, 符号を考慮し

$$\frac{-Q_1}{T_1} + \frac{Q_2}{T_2} = 0 \quad \therefore \quad Q_1 = \frac{T_1}{T_2} Q_2$$

が得られる. これを W の式に代入して与式が導かれる.

不可逆サイクルでは
$$\frac{-Q_1}{T_1} + \frac{Q_2}{T_2} < 0 \qquad \therefore \quad Q_1 > \frac{T_1}{T_2}Q_2$$
が成立し，$W = Q_1 - Q_2 > (T_1/T_2)Q_2 - Q_2$ となる．

4 ⑥（p.57）に数値を代入し，Q_2 は
$$Q_2 = \frac{300}{1000} \times \frac{500}{200}\,\mathrm{J} = 0.75\,\mathrm{J}$$
と計算される．

5 物体の温度を dT だけ上昇させるには熱源から $d'Q = mcdT$ だけの熱量を加えねばならない．したがって，エントロピーの増加分は
$$\int_{T_1}^{T_2} mc\frac{dT}{T} = mc\ln\frac{T_2}{T_1}$$
で与えられる．

6 熱源の最初の状態を 1，熱量 Q を吸収した状態を 2 とする．可逆過程の場合には
$$\int_1^2 \frac{d'Q}{T} = S(2) - S(1)$$
であるが，T は一定としたから，上式は
$$\frac{1}{T}\int_1^2 d'Q = \frac{Q}{T} = S(2) - S(1)$$
と書け，題意が示される．

7 例題 9 の F に対する式で V に依存するのは $-nRT\ln V$ の項だけである．したがって圧力 p は
$$p = -\left(\frac{\partial F}{\partial V}\right)_T = nRT\frac{\partial \ln V}{\partial V} = \frac{nRT}{V}$$
と計算され，理想気体の状態方程式が得られる．

8 (5.21)（p.62）より次式が導かれる．
$$\left(\frac{\partial S}{\partial p}\right)_T = -\left(\frac{\partial V}{\partial T}\right)_p$$

第6章

1 図 6.4 の dS の部分が孔であるとすれば，単位時間中に同図の円筒状の立体に含まれる分子は容器の外に出る．ただし，$v_x > 0$ の条件が必要である．こうして，マクスウェルの速度分布則を使うと，単位時間あたり外に出る分子数 J は
$$J = \rho\left(\frac{m}{2\pi k_\mathrm{B} T}\right)^{3/2} dS \int_0^\infty v_x dv_x \int_{-\infty}^\infty dv_y dv_z \exp\left(-\frac{mv^2}{2k_\mathrm{B} T}\right)$$

と書ける．ガウス積分および
$$\int_0^\infty dv_x v_x \exp\left(-\frac{mv_x^2}{2k_BT}\right) = -\frac{k_BT}{m}\exp\left(-\frac{mv_x^2}{2k_BT}\right)\Big|_0^\infty = \frac{k_BT}{m}$$
を利用すると，J は以下のように計算される．
$$J = \rho dS\left(\frac{m}{2\pi k_BT}\right)^{1/2}\frac{k_BT}{m} = \rho dS\left(\frac{k_BT}{2\pi m}\right)^{1/2}$$

2 標準状態における気体分子の数密度 ρ はモル分子数 6.02×10^{23} を $22.4\times 10^{-3}\,\text{m}^3$ で割り，$\rho = 2.69\times 10^{25}\,\text{m}^{-3}$ となる．また，ヘリウム原子の質量は第 6 章の例題 10 で学んだように $m = 6.64\times 10^{-27}\,\text{kg}$ である．これらの数値および $dS = 2\times 10^{-6}\,\text{m}^2$，$k_B = 1.38\times 10^{-23}\,\text{J/K}$，$T = 273\,\text{K}$ を演習問題 1 で導いた式に代入すると

$$J = 2.69\times 10^{25} \times 2\times 10^{-6} \times \sqrt{\frac{1.38\times 10^{-23}\times 273}{2\times \pi \times 6.64\times 10^{-27}}}\,\text{s}^{-1} = 1.62\times 10^{22}\,\text{s}^{-1}$$

が得られる．これに原子の質量を掛けると，1 秒あたり外に出る質量は
$$1.62\times 10^{22} \times 6.64\times 10^{-27}\,\text{kg/s} = 0.000108\,\text{kg/s} = 0.108\,\text{g/s}$$
となる．

3 (a) 分子の速さが v と $v+dv$ との間にある確率は (6.32)（p.80）の $p(\boldsymbol{v})d\boldsymbol{v}$ を v_x, v_y, v_z に関し図 6.5 の斜線部内で積分すれば求まる．この部分の体積は $4\pi v^2 dv$ であるから，$F(v)$ は

$$F(v)dv = \left(\frac{m}{2\pi k_BT}\right)^{3/2}\exp\left(-\frac{mv^2}{2k_BT}\right)4\pi v^2 dv$$

となる．この $F(v)$ を図に書くと右図のように表される．v が 0 の近傍では上式中の指数関数は 1 とみなせるので $F(v)$ は v^2 に比例し，逆に $v\to\infty$ の極限では指数関数のため $F(v)$ は急速に 0 となる．

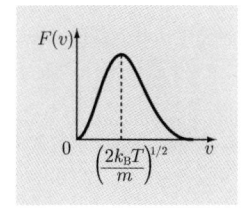

(b) $F(v)$ の v 依存性は，定数項の係数を除き
$$F(v) = \exp(-Bv^2)v^2, \quad B = m/2k_BT$$
という形に書ける．これを v で微分すると，
$$F'(v) = (2v - 2Bv^3)\exp(-Bv^2)$$
となる．$F'(v) = 0$ の条件から $v = B^{-1/2}$ と表され，$F(v)$ は $v = (2k_BT/m)^{1/2}$ で最大になることがわかる．

4 $e\sim e+de$ の範囲が $v\sim v+dv$ に対応するとすれば，$G(e)de = F(v)dv$ が成り立つ．$e = (m/2)v^2$ から

$$v = \left(\frac{2}{m}\right)^{1/2}e^{1/2}, \quad dv = \left(\frac{2}{m}\right)^{1/2}\frac{de}{2e^{1/2}}$$

と書け,前問の $F(v)dv$ に対する結果を利用すると

$$G(e)de = F(v)dv = F(v)\left(\frac{1}{2m}\right)^{1/2}\frac{de}{e^{1/2}}$$
$$= \left(\frac{m}{2\pi k_B T}\right)^{3/2}\exp\left(-\frac{e}{k_B T}\right)4\pi\frac{2e}{m}\left(\frac{1}{2m}\right)^{1/2}\frac{de}{e^{1/2}}$$

が得られる.これを整理すると $G(e)$ は

$$G(e) = \frac{2\pi}{(\pi k_B T)^{3/2}}\sqrt{e}\exp\left(-\frac{e}{k_B T}\right)$$

と表される.e が十分小さいと $G(e) \propto \sqrt{e}$ であるが,e が十分大きいと $G(e)$ は指数関数的に 0 に近づき,その概略は図のようになる.$G(e)$ が最大になるところを求めるため $e^{1/2}\exp(-e/k_B T)$ を e で微分すると

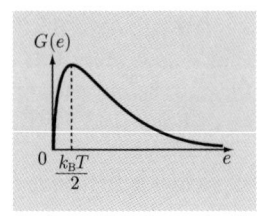

$$\left(\frac{1}{2e^{1/2}} - \frac{e^{1/2}}{k_B T}\right)\exp\left(-\frac{e}{k_B T}\right)$$

が得られる.これを 0 とおくと $e = k_B T/2$ であるから,そこで $G(e)$ は最大となる.

5 ⑲ (p.81) で $p = 1$ とおけば $\Gamma(2) = 1$ を利用して

$$\langle v \rangle = \frac{2}{\pi^{1/2}}\left(\frac{2k_B T}{m}\right)^{1/2}$$

と表される.また $v_t = (3k_B T/m)^{1/2}$ であるから

$$\frac{\langle v \rangle}{v_t} = \frac{2\sqrt{2}}{\sqrt{3\pi}} = 0.921318\cdots$$

となる.これからわかるように,$\langle v \rangle$ と v_t との間には大差はなくその違いは 10% 程度である.

6 (a) $\Gamma(s+1)$ に部分積分を適用すると

$$\Gamma(s+1) = \int_0^\infty x^s e^{-x}dx = -x^s e^{-x}\Big|_0^\infty + \int_0^\infty sx^{s-1}e^{-x}dx$$

となるが,上式の第 1 項は 0 となるので,与式が導かれる.

(b) (a) の結果を繰り返し用いると

$$\Gamma(n) = (n-1)\Gamma(n-1) = (n-1)(n-2)\Gamma(n-2) = \cdots$$

であるが,$\Gamma(1) = 1$ であることが容易にわかるので $\Gamma(n-1) = (n-1)!$ となる.

(c) $\Gamma(1/2)$ は

$$\Gamma\left(\frac{1}{2}\right) = \int_0^\infty x^{-1/2}e^{-x}dx$$

であるが,$x = t^2$ の変数変換を行うと,$dx = 2tdt$ と書け

$$\Gamma\left(\frac{1}{2}\right) = 2\int_0^\infty \exp(-t^2)dt = \sqrt{\pi}$$

が得られる．

7 (a) ⑲ (p.81) で $p=5$ とおけば
$$\langle v^5 \rangle = \frac{2}{\pi^{1/2}} \Gamma(4) \left(\frac{2k_\mathrm{B}T}{m}\right)^{5/2}$$
となる．ここで $\Gamma(4)=3!=6$ を使えば
$$\langle v^5 \rangle = \frac{12}{\pi^{1/2}} \left(\frac{2k_\mathrm{B}T}{m}\right)^{5/2}$$
と表される．

(b) x, y, z 方向が同等であることに注意すると，次のようになる．
$$\langle v^3 v_x^2 \rangle = \langle v^3 v_y^2 \rangle = \langle v^3 v_z^2 \rangle = \frac{1}{3}\langle v^3(v_x^2 + v_y^2 + v_z^2)\rangle$$
$$= \frac{1}{3}\langle v^5 \rangle = \frac{4}{\pi^{1/2}}\left(\frac{2k_\mathrm{B}T}{m}\right)^{5/2}$$

8 一般に自由度 f の気体分子の場合
$$\frac{m}{2}\langle v^2 \rangle = \frac{f}{2}k_\mathrm{B}T$$
が成り立つので，熱速度 v_t は
$$v_\mathrm{t} = \left(\frac{fk_\mathrm{B}T}{m}\right)^{1/2}$$
で与えられる．酸素分子 O_2 の質量 m は $m = 32/(6.02 \times 10^{23})\,\mathrm{g} = 5.32 \times 10^{-23}\,\mathrm{g} = 5.32 \times 10^{-26}\,\mathrm{kg}$ である．上式に $f=5$, $k_\mathrm{B} = 1.38 \times 10^{-23}\,\mathrm{J/K}$, $T=373\,\mathrm{K}$ などの数値を代入すると，v_t は次のように計算される．
$$v_\mathrm{t} = \sqrt{\frac{5 \times 1.38 \times 10^{-23} \times 373}{5.32 \times 10^{-26}}}\,\frac{\mathrm{m}}{\mathrm{s}} = 696\,\mathrm{m/s}$$

9 原子 $1, 2, 3$ が図 (a) のように三角形を構成するときを考える．一般に，$1, 2, 3$ の位置を決定するには 9 個の変数が必要である．しかし，仮定により 12 間，23 間，31 間の距離が一定という 3 つの条件が課せられるので，自由に変化し得る変数の数は 6，よって運動の自由度は 6 となる．一方，図 (b) のように $1, 2, 3$ が一直線上にある場合，$1, 2$ の位置を決めれば 3 の位置は自動的に決まってしまう．したがって，このときの自由度は 2 原子分子のときと同じ 5 となる．

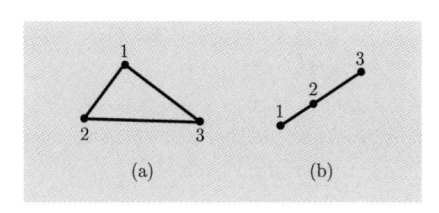

第 7 章

1 題意により $r_i = r_i(q_1, q_2, \cdots, q_f)$ と書けるので,これを時間で微分し

$$v_i = \dot{r}_i = \sum_j \frac{\partial r_i}{\partial q_j} \dot{q}_j$$

となる.上式を利用すると体系全体の運動エネルギー K は (i 番の粒子の質量を m_i とする)

$$K = \sum_{ijk} \frac{1}{2} m_i \left(\frac{\partial r_i}{\partial q_j} \cdot \frac{\partial r_i}{\partial q_k} \right) \dot{q}_j \dot{q}_k$$

と表される.あるいは

$$a_{jk} = \sum_i m_i \left(\frac{\partial r_i}{\partial q_j} \cdot \frac{\partial r_i}{\partial q_k} \right)$$

と定義すれば,(7.8), (7.9) が導かれる.

2 ハミルトニアンが $H(x, p)$ と書ける場合,ハミルトンの正準運動方程式を利用することにより

$$\frac{dH}{dt} = \frac{\partial H}{\partial x} \dot{x} + \frac{\partial H}{\partial p} \dot{p} = \frac{\partial H}{\partial x} \frac{\partial H}{\partial p} - \frac{\partial H}{\partial p} \frac{\partial H}{\partial x} = 0$$

となる.すなわち,$dH/dt = 0$ という結果が得られ,これは H が時間によらない定数であることを示す.

3 運動エネルギーは $K = (m/2)\dot{r}^2$,重力の位置エネルギーは $U = mgx$ と書けるから,ラグランジアンは

$$L = \frac{m}{2}(\dot{x}^2 + \dot{y}^2 + \dot{z}^2) - mgx$$

で与えられる.上式から $p_x = \partial L/\partial \dot{x} = m\dot{x}$ となり,同様に $p_y = m\dot{y}$, $p_z = m\dot{z}$ が得られる.したがって,ハミルトニアンは次式のように計算される.

$$H = p_x \dot{x} + p_y \dot{y} + p_z \dot{z} - L = \frac{1}{2m}(p_x{}^2 + p_y{}^2 + p_z{}^2) + mgx$$

x 方向の運動に対応する力学的エネルギーを e とすれば保存則により

$$\frac{p^2}{2m} + mgx = e = 一定$$

と表される.ただし簡単のため p_x を p と書いた.上の一定値を mgx_0 とおけば,上式は

$$p^2 = 2m^2 g(x_0 - x)$$

と表され,位相空間での軌道は図に示すような放物線として記述される.

4 一次元調和振動子の場合,力学的エネルギーを e とすれば,位相空間での軌道は

$$\frac{p^2}{2me} + \frac{m\omega^2 x^2}{2e} = 1$$

で与えられる．ところで，xy 面における楕円の方程式
$$\frac{x^2}{a^2} + \frac{y^2}{b^2} = 1$$
の場合，その面積は πab と表される．したがって，いまの問題での面積 S は，位相空間での軌道の式により以下のように求まる．
$$S = \pi (2me)^{1/2} \left(\frac{2e}{m\omega^2}\right)^{1/2} = \pi \frac{2e}{\omega}$$

5 (a) 小物体の x, y, z 座標は図からわかるように
$$x = a\sin\theta\cos\varphi, \quad y = a\sin\theta\sin\varphi, \quad z = a\cos\theta$$
と書ける．a が一定であることに注意し上式を時間で微分すると
$$\dot{x} = a(\cos\theta\cos\varphi\,\dot{\theta} - \sin\theta\sin\varphi\,\dot{\varphi})$$
$$\dot{y} = a(\cos\theta\sin\varphi\,\dot{\theta} + \sin\theta\cos\varphi\,\dot{\varphi})$$
$$\dot{z} = -a\sin\theta\,\dot{\theta}$$
となり，物体の運動エネルギー K は
$$K = \frac{ma^2}{2}(\dot{\theta}^2 + \sin^2\theta\,\dot{\varphi}^2)$$
と表される．いまの問題では位置エネルギーは 0 であるから，上の K はラグランジアンに等しい．したがって，p_θ, p_φ は次式のように求まる．
$$p_\theta = \frac{\partial K}{\partial \dot{\theta}} = ma^2\dot{\theta}, \quad p_\varphi = \frac{\partial K}{\partial \dot{\varphi}} = ma^2\sin^2\theta\,\dot{\varphi}$$

(b) ハミルトニアン H は $H = p_\theta\dot{\theta} + p_\varphi\dot{\varphi} - K$ で与えられる．$\dot{\theta}, \dot{\varphi}$ を上の関係から解くと，H は次のように表される．
$$H = \frac{p_\theta{}^2}{ma^2} + \frac{p_\varphi{}^2}{ma^2\sin^2\theta} - \frac{p_\theta{}^2}{2ma^2} - \frac{p_\varphi{}^2}{2ma^2\sin^2\theta}$$
$$= \frac{1}{2ma^2}\left(p_\theta{}^2 + \frac{p_\varphi{}^2}{\sin^2\theta}\right)$$

6 ある瞬間から周期 T だけ時間が経過するとすべての振動子はもとの状態に戻る．それ以後は同じ運動を繰り返し，ちょうどワイルの玉突きの図 (a), (b) と同じ挙動となる．このため，エルゴード仮説は成り立たない．

第8章

1 配置数は
$$W = \frac{6!}{2!\,2!\,2!} = \frac{720}{8} = 90$$
と計算される．したがって，正解は ④ である．

2 (a) $y = a - x$ を f の式に代入すると, f は
$$f = x^2 + (a-x)^2 = 2x^2 - 2ax + a^2$$
と書ける. f を x で微分すると
$$\frac{df}{dx} = 4x - 2a$$
で, 上式を 0 とおき $x = a/2$ が得られる. また, $x + y = a$ の条件から $y = a/2$ となる. すなわち, 極値を与える x, y は $x = y = a/2$ であることがわかる (実際は, そこで f は最小となる).

(b) 与えられた条件は $x + y - a = 0$ と書けるが, これにラグランジュの未定乗数 λ を掛け $f(x, y)$ に加えると
$$x^2 + y^2 + \lambda(x + y - a)$$
である. 極値を求めるため, 上式を x, y で偏微分しそれらを 0 とおくと
$$2x + \lambda = 0, \quad 2y + \lambda = 0$$
すなわち, $x = y = -\lambda/2$ となる. λ を決めるため, これを $x + y = a$ に代入すると $\lambda = -a$ が得られ, したがって極値を与える x, y は $x = y = a/2$ と求まり (a) で導いた結果と一致する.

3 (8.7) (p.104) からわかるように, $\delta(\ln W)$ は δn_i の一次の項までで
$$\delta \ln W = -\sum_i \ln n_i \delta n_i$$
と書ける. $\ln n_i = -\alpha - \beta e_i$ を代入すると
$$\delta \ln W = \sum_i (\alpha + \beta e_i) \delta n_i$$
となるが, $\sum_i \delta n_i = 0$, $\sum_i e_i \delta n_i = 0$ が成り立つので上式は 0 となる.

4 (8.5) (p.104) で $(\delta n_i)^2$ の項まで計算すると, (8.6) (p.104) を
$$\ln(n_i + \delta n_i) = \ln n_i + \frac{\delta n_i}{n_i} - \frac{(\delta n_i)^2}{2n_i^2} + \cdots$$
として
$$\delta(\ln W) = -\sum_i \ln n_i \delta n_i - \sum_i \frac{(\delta n_i)^2}{2n_i} + O(\delta n_i)^3$$
が得られる. 右辺第 1 項は前問の結果により 0 である. また第 2 項は負となり, その結果, 変分を与えたとき $\delta(\ln W)$ は負であることがわかる. これは熱平衡状態において $\ln W$ が極大であることを意味する. 熱平衡を与える n_i は一義的に決まり, この極大点で $\ln W$ は最大となる.

5 水平面からの高さを z とすれば, 分子に働く重力のポテンシャルは $U = mgz$ と表され, ⑫ (p.107) は
$$e = \frac{\boldsymbol{p}^2}{2m} + mgz$$
と書ける. これを ⑬ (p.107), ⑮ (p.107) に代入すると $\boldsymbol{p}$ に関する積分が実行でき

温度に依存する因子 B をもたらす．こうして，高さ z における数密度 $\rho(z)$ は
$$\rho(z) = B\exp(-\beta mgz)$$
と表される．あるいは，$z=0$ における $\rho(0)$ を使うと上式は以下のように書ける．
$$\rho(z) = \rho(0)\exp(-\beta mgz)$$

6 e の平均値は
$$\langle e \rangle = \frac{\int (e_1+e_2)\exp(-\beta e_1 - \beta e_2)\,dXdPdxdp}{\int \exp(-\beta e_1 - \beta e_2)\,dXdPdxdp}$$
$$= \int e_1\exp(-\beta e_1)dXdP \Big/ \int \exp(-\beta e_1)\,dXdP$$
$$+ \int e_2\exp(-\beta e_2)dxdp \Big/ \int \exp(-\beta e_2)\,dxdp$$
と表される．上式右辺の第1, 2項はそれぞれ $\langle e_1 \rangle$, $\langle e_2 \rangle$ に等しいので $\langle e \rangle = \langle e_1 \rangle + \langle e_2 \rangle$ の結果が得られる．

7 定積熱容量 C_v は，内部エネルギーを U として $C_v = (\partial U/\partial T)_V$ で与えられる．よって，⑯ (p.109) から導かれる $U = -N\partial \ln f/\partial \beta$ および $\beta = 1/k_\mathrm{B}T$ の関係を利用し
$$C_v = -N\left(\frac{\partial^2 \ln f}{\partial \beta^2}\right)_V \frac{\partial \beta}{\partial T} = \frac{N}{k_\mathrm{B}T^2}\left(\frac{\partial^2 \ln f}{\partial \beta^2}\right)_V$$
が得られる．

8 (a) 統計力学の立場に立って内部エネルギーを E と書き，温度だけを変化させたとする．この場合，(8.20) (p.108) のギブス・ヘルムホルツの式により $d(F/T) = -EdT/T^2$ が成り立つ．あるいは，$d\beta = -(1/k_\mathrm{B}T^2)dT$ を使えば
$$d\left(\frac{F}{k_\mathrm{B}T}\right) = Ed\beta$$
となる．例題9で $E = \sum_i e_i n_i + \sum_j e_j' n_j'$ と書けるから，これに例題9で求めた n_i, n_j' を代入すると
$$Ed\beta = \left(\frac{N_\mathrm{A}}{f_\mathrm{A}}\sum_i e_i\exp(-\beta e_i) + \frac{N_\mathrm{B}}{f_\mathrm{B}}\sum_j e_j'\exp(-\beta e_j')\right)d\beta$$
$$= -d(N_\mathrm{A}\ln f_\mathrm{A} + N_\mathrm{B}\ln f_\mathrm{B})$$
が得られ，上式とギブス・ヘルムホルツの式を比べると
$$F = -k_\mathrm{B}T(N_\mathrm{A}\ln f_\mathrm{A} + N_\mathrm{B}\ln f_\mathrm{B})$$
が導かれる．1種類の分子の場合，上式は (8.22) (p.108) に帰着する．

(b) 例題9で述べた式を用いると
$$\ln W = N_\mathrm{A}\ln N_\mathrm{A} - \sum_i n_i\ln n_i + N_\mathrm{B}\ln N_\mathrm{B} - \sum_i n_j'\ln n_j'$$

$$
\begin{aligned}
&= N_A \ln N_A - \sum_i n_i (\ln N_A - \beta e_i - \ln f_A) \\
&\quad + N_B \ln N_B - \sum_j n_j' (\ln N_B - \beta e_j' - \ln f_B) \\
&= \beta \left(\sum_i e_i n_i + \sum_j e_j' n_j' \right) + N_A \ln f_A + N_B \ln f_B \\
&= \frac{E - F}{k_B T} = \frac{S}{k_B}
\end{aligned}
$$

となって，ボルツマンの原理が成立する．

第9章

1 分配関数は (9.2) (p.114) のように表される．したがって，1つの分子が μ 空間中の $d\boldsymbol{r}d\boldsymbol{p}$ 内に見いだされる確率は

$$p(\boldsymbol{r}, \boldsymbol{p})d\boldsymbol{r}d\boldsymbol{p} = \frac{e^{-\beta e}d\boldsymbol{r}d\boldsymbol{p}}{\int e^{-\beta e}d\boldsymbol{r}d\boldsymbol{p}}$$

と書ける．実際この式を可能な $\boldsymbol{r}, \boldsymbol{p}$ の範囲で積分すると 1 となり，上式は確率として規格化されていることがわかる．上式の分母は，例題1のようにガウス積分を利用すれば

$$V(2\pi m k_B T)^{3/2}$$

と計算され，$p(\boldsymbol{r}, \boldsymbol{p})d\boldsymbol{r}d\boldsymbol{p}$ は

$$p(\boldsymbol{r}, \boldsymbol{p})d\boldsymbol{r}d\boldsymbol{p} = \frac{e^{-\beta e}d\boldsymbol{r}d\boldsymbol{p}}{V(2\pi m k_B T)^{3/2}}$$

と表される．上式は p.95 の⑬と一致する．

2 n モルの場合を考えると，p.115 の③から

$$\left(\frac{\partial F}{\partial V}\right)_T = -\frac{nRT}{V}, \quad \left(\frac{\partial^2 F}{\partial V^2}\right)_T = \frac{nRT}{V^2}$$

となり，κ_T に対する $1/\kappa_T = nRT/V$ が得られる．したがって

$$\kappa_T = \frac{V}{nRT}$$

と求まる．

3 位置エネルギーの平均値は

$$\left\langle \frac{m\omega^2 x^2}{2} \right\rangle = \frac{\int \frac{m\omega^2 x^2}{2} \exp(-\beta e) dx dp}{\int \exp(-\beta e) dx dp}$$

と書ける．p に関する積分は分母，分子で打ち消し合い次式が導かれる．

$$\left\langle \frac{m\omega^2 x^2}{2} \right\rangle = -\frac{\partial}{\partial \beta} \ln \left[\int_{-\infty}^{\infty} \exp\left(-\beta \frac{m\omega^2 x^2}{2}\right) dx \right]$$

$$= -\frac{\partial}{\partial \beta} \ln \left(\frac{2\pi}{\beta m\omega^2}\right)^{1/2} = \frac{1}{2\beta} = \frac{k_\mathrm{B} T}{2}$$

4 座標が $x \sim x + dx$ の間に入る確率 $g(x)dx$ は

$$g(x)dx = \frac{\int \exp\left[-\beta\left(\frac{p^2}{2m} + \frac{m\omega^2 x^2}{2}\right)\right] dp}{\int \exp\left[-\beta\left(\frac{p^2}{2m} + \frac{m\omega^2 x^2}{2}\right)\right] dx dp} dx$$

と表される．p に関する積分は分母，分子で打ち消し合い，また分母の x に関する積分は

$$\int_{-\infty}^{\infty} \exp\left(-\beta \frac{m\omega^2 x^2}{2}\right) dx = \left(\frac{2\pi}{\beta m\omega^2}\right)^{1/2}$$

と計算される．こうして $g(x)dx$ は

$$g(x)dx = \left(\frac{\beta m\omega^2}{2\pi}\right)^{1/2} \exp\left(-\frac{\beta m\omega^2 x^2}{2}\right) dx$$

が得られる．上の結果はガウス分布で，その分散は $\sigma^2 = 1/\beta m\omega^2$ と書ける．

5 分配関数 f は

$$f = \sum \exp(-\beta e) = \sum \exp(-\beta e_\mathrm{G}) \sum \exp(-\beta e_\mathrm{r})$$

と表される．ここで $\sum$ は可能な状態に関する和を意味する．上式から

$$f = f_\mathrm{G} f_\mathrm{r} \quad \therefore \quad \ln f = \ln f_\mathrm{G} + \ln f_\mathrm{r}$$

となる．エネルギーの平均値は $\langle e \rangle = -\partial \ln f / \partial \beta$ などと表されるので

$$\langle e \rangle = \langle e_\mathrm{G} \rangle + \langle e_\mathrm{r} \rangle$$

が成り立つ．

6 (a) 二原子分子の質量を m，重心の運動量を $\boldsymbol{p}$ とすれば，(9.23)（p.122）の回転エネルギーを考慮し，分子のエネルギーは

$$e = \frac{\boldsymbol{p}^2}{2m} + \frac{1}{2I}\left(p_\theta^2 + \frac{p_\varphi^2}{\sin^2\theta}\right)$$

と表される．重心の位置ベクトルを $\boldsymbol{r}$ とすれば，μ 空間は $\boldsymbol{r}, \boldsymbol{p}, \theta, \varphi, p_\theta, p_\varphi$ の十次元空間となる．この空間を体積 a の細胞に分割したとすれば，分配関数は次のように計算される．

$$f = \frac{V}{a} \int d\boldsymbol{p} \exp\left(-\frac{\beta \boldsymbol{p}^2}{2m}\right) \int \exp\left[-\frac{\beta}{2I}\left(p_\theta^2 + \frac{p_\varphi^2}{\sin^2\theta}\right)\right] d\theta d\varphi dp_\theta dp_\varphi$$

$$= \frac{V}{a}\left(\frac{2m\pi}{\beta}\right)^{3/2} \int d\varphi d\theta \left(\frac{2I\pi}{\beta}\right)^{1/2} \left(\frac{2I\pi \sin^2\theta}{\beta}\right)^{1/2}$$

$$= \frac{V}{a}\left(\frac{2m\pi}{\beta}\right)^{3/2}\left(\frac{2I\pi}{\beta}\right)\int_0^{2\pi} d\varphi \int_0^{\pi} \sin\theta d\theta$$

$$= \frac{V}{a}\frac{8\pi^2 (2\pi m)^{3/2} I}{\beta^{5/2}} = V(k_\text{B}T)^{5/2}\frac{8\pi^2 (2\pi m)^{3/2} I}{a}$$

(b) ヘルムホルツの自由エネルギー F は次のように求まる.

$$F = -k_\text{B}T \ln \frac{f^N}{N!}$$

$$= -Nk_\text{B}T\left[\ln V + \frac{5}{2}\ln(k_\text{B}T) - \ln N + 1 + \ln \frac{8\pi^2 (2\pi m)^{3/2} I}{a}\right]$$

7 μ_z の平均値は

$$\langle \mu_z \rangle = \mu \frac{e^{\beta\mu H} - e^{-\beta\mu H}}{2\,\text{ch}(\beta\mu H)} = \mu \frac{\text{sh}(\beta\mu H)}{\text{ch}(\beta\mu H)} = \mu\,\text{th}(\beta\mu H)$$

と計算され,上式を $\beta\mu H$ の関数として図示すると下図のようになる.

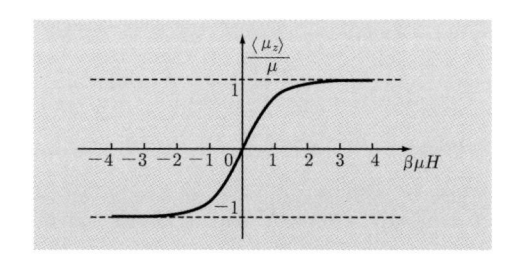

8 (a) 分配関数 f は,イジング模型の場合と同様 $f = 1 + e^{-\beta\varepsilon}$ と表される.したがって,p.109 の ⑯ を利用すると,1 個の分子あたりの平均エネルギーは

$$\langle e \rangle = -\frac{\partial \ln f}{\partial \beta} = -\frac{\partial}{\partial \beta}\ln(1 + e^{-\beta\varepsilon}) = \frac{\varepsilon e^{-\beta\varepsilon}}{1 + e^{-\beta\varepsilon}}$$

と計算される.上式を N 倍すれば $\langle E \rangle$ は

$$\langle E \rangle = \frac{N\varepsilon}{1 + e^{\beta\varepsilon}} = \frac{N\varepsilon}{1 + e^{\varepsilon/k_\text{B}T}}$$

と求まる.

(b) C は

$$C = \frac{\partial \langle E \rangle}{\partial T} = \frac{N\varepsilon e^{\varepsilon/k_\text{B}T}}{(1 + e^{\varepsilon/k_\text{B}T})^2}\frac{\varepsilon}{k_\text{B}T^2} = Nk_\text{B}\left(\frac{\varepsilon}{k_\text{B}T}\right)^2 \frac{e^{\varepsilon/k_\text{B}T}}{(1 + e^{\varepsilon/k_\text{B}T})^2}$$

と計算される.ここで

$$x = \frac{k_\text{B}T}{\varepsilon}$$

によって無次元の温度に相当する変数 x を導入すると

$$\frac{C}{Nk_\text{B}} = \frac{e^{1/x}}{x^2(1 + e^{1/x})^2}$$

が得られる．C/Nk_B を x の関数として図示すると，その概略は図のように表される．この図には $x \simeq 0.5$ のあたりでピークがみられるが，このような形の比熱をショットキー比熱という．

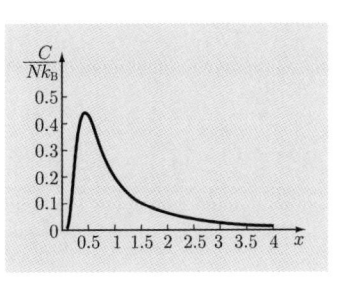

第 10 章

1 p.131 の ①, ② から
$$\ln W = M \ln M - \sum M_i \ln M_i$$
となる．上式に ④（p.133）から導かれる $\ln M_i = \ln M - \ln Z - \beta E_i$ を代入すると
$$\ln W = M \ln Z + \beta \sum E_i M_i$$
が得られる．$\sum E_i M_i$ は集団全体のエネルギーで $M\langle E\rangle$ に等しい．よって
$$\frac{\ln W}{M} = \ln Z + \beta \langle E\rangle = \frac{-F + \langle E\rangle}{k_B T} = \frac{S}{k_B}$$
となって，⑤（p.133）が導かれる．熱平衡で S は最大となるが，W を最大にすることはこのような物理的な事情に対応している．

2 Γ 空間中の微小体積を a で割ればその体積に含まれる細胞の数となる．したがって，細胞に関する和を Γ 空間中の積分で表し Z は次式のようになる．
$$Z = \frac{1}{a} \int \exp(-\beta E) dq_1 \cdots dq_f dp_1 \cdots dp_f$$

3 (a) 二体力の場合，粒子全体のポテンシャルエネルギー U は
$$U = \sum_{i<j} v_{ij}$$
で与えられる．したがって
$$\begin{aligned} e^{-\beta U} &= e^{-\beta v_{12}} e^{-\beta v_{13}} \cdots e^{-\beta v_{N,N-1}} \\ &= (1+f_{12})(1+f_{13}) \cdots (1+f_{N,N-1}) = 1 + \sum_{i<j} f_{ij} + \cdots \end{aligned}$$
となり，粒子のペアの総数が $N(N-1)/2$ であることに注意すると，上の近似の範囲内で (10.13)（p.134）の Q は
$$\begin{aligned} Q &= \int d\boldsymbol{r}_1 d\boldsymbol{r}_2 \cdots d\boldsymbol{r}_N \Big(1 + \sum_{i<j} f_{ij} + \cdots\Big) \\ &= V^N + \frac{N^2}{2} V^{N-2} \int f_{12} d\boldsymbol{r}_1 d\boldsymbol{r}_2 + \cdots \end{aligned}$$
と表される．ただし，N は非常に大きいので $N-1 \simeq N$ とした．通常，v_{12} は粒子 1, 2 間の距離 $r_{12} \to \infty$ の極限で急速に 0 に近づき，同様な事情が f_{12} にも成り立つ．

したがって，r_1 を固定したとき，上式の r_2 に関する積分は事実上，全空間にわたると考えてよい．その結果，r_1 の積分は体積 V をもたらすので

$$Q = V^N \left(1 + \frac{N^2}{2V} \int f(r) d\boldsymbol{r} \right)$$

が得られる．$\ln(1+x) \simeq x$ の関係を利用すると，上式と (10.12) (p.134) を組み合わせて

$$\ln Z = \ln \left[\frac{(2\pi m k_B T)^{3N/2}}{N! \, h^{3N}} \right] + N \ln V + \frac{N^2}{2V} \int f(r) d\boldsymbol{r} + \cdots$$

となる．

 (b)　圧力 p は

$$p = -\left(\frac{\partial F}{\partial V} \right)_T = k_B T \left(\frac{\partial \ln Z}{\partial V} \right)_T$$

で与えられる．これに上記の $\ln Z$ を代入すると

$$\frac{p}{k_B T} = \frac{N}{V} - \frac{N^2}{2V^2} \int f(r) d\boldsymbol{r} + \cdots$$

と書け

$$\frac{pV}{N k_B T} = 1 - \frac{\rho}{2} \int f(r) d\boldsymbol{r} + \cdots$$

が得られる．すなわち，第二ビリアル係数は次式のように表される．

$$B = -\frac{1}{2} \int f(r) d\boldsymbol{r} = -2\pi \int_0^\infty f(r) r^2 dr$$

4　状態 i における A の値を A_i とすれば，$\langle A \rangle$ は

$$\langle A \rangle = \frac{1}{Z} \sum_i A_i \exp(-\beta E_i)$$

と表される．両辺を β で偏微分すると

$$-\frac{\partial \langle A \rangle}{\partial \beta} = \frac{1}{Z} \sum_i E_i A_i \exp(-\beta E_i) + \frac{1}{Z^2} \frac{\partial Z}{\partial \beta} \sum_i A_i \exp(-\beta E_i)$$
$$= \langle EA \rangle - \langle E \rangle \langle A \rangle$$

となって与式が導かれる．

5　正準分布では $\langle E \rangle = -\partial \ln Z / \partial \beta$ と書けるので，定積熱容量は

$$C_v = \frac{\partial \langle E \rangle}{\partial T} = -\frac{\partial^2 \ln Z}{\partial \beta^2} \frac{\partial \beta}{\partial T} = \frac{1}{k_B T^2} \frac{\partial^2 \ln Z}{\partial \beta^2}$$

と表される．ここで，例題 8 の結果を利用すると

$$C_v = \frac{\langle E^2 \rangle - \langle E \rangle^2}{k_B T^2}$$

となり，与式が導かれる．上式右辺の分子は $\langle (E - \langle E \rangle)^2 \rangle$ と書け，これは負にはならない．また，$k_B T^2$ は正の量であるから，C_v は決して負にはならない．

6　化学ポテンシャルは示強性の量なので，これを温度 T，体積 V，粒子数 N の関数とみなし，$\mu = \mu(T, V, N)$ と書けば

$$\mu(T, V, N) = \mu(T, xV, xN)$$

が成り立つ．特に $x = 1/V$ ととれば $\mu(T,V,N) = \mu(T,1,N/V)$ となる．これは μ が T と N/V に依存することを意味する．

7 単原子分子の理想気体の定積熱容量は $C_v = 3Nk_B/2$ で与えられる．したがって，演習問題 5 の結果を使うと，正準分布では $(\Delta E)^2 = 3N(k_B T)^2/2$ と表される．大正準分布の場合には

$$\langle E \rangle = \frac{\sum E \lambda^N e^{-\beta E}}{Z_G} = -\frac{\partial \ln Z_G}{\partial \beta}$$

と書け，これを β で偏微分すると

$$-\frac{\partial \langle E \rangle}{\partial \beta} = \langle E^2 \rangle - \langle E \rangle^2$$

となる．よって $(\Delta E)^2 = \partial^2 \ln Z_G/\partial \beta^2$ が成り立つ．p.141 の ⑯ から

$$\ln Z_G = \frac{\lambda (2\pi m)^{3/2} V}{h^3 \beta^{3/2}}$$

と表されるので，これを β で 2 回偏微分して $(\Delta E)^2$ の式に代入し ⑱（p.141）を利用すれば問題文中の結果が導かれる．正準分布，大正準分布の違いをみるため，定積熱容量 C_v の計算を大正準分布で考えよう．$\langle E \rangle = -(\partial \ln Z_G/\partial \beta)_{\lambda,V}$ であるが，これから定積熱容量を求める際，λ が温度に依存すること，$V, \langle N \rangle$ を一定に保つことに注意すると

$$C_v = \frac{\partial \langle E \rangle}{\partial T} = -\left(\frac{\partial^2 \ln Z}{\partial \beta^2}\right) \frac{\partial \beta}{\partial T} - \left(\frac{\partial^2 \ln Z}{\partial \beta \partial \lambda}\right) \frac{\partial \lambda}{\partial T}$$

となる．前述のように大正準集団でも $(\partial^2 \ln Z/\partial \beta^2) = (\Delta E)^2$ が成立し上式は

$$C_v = \frac{(\Delta E)^2}{k_B T^2} - \left(\frac{\partial^2 \ln Z_G}{\partial \beta \partial \lambda}\right) \frac{\partial \lambda}{\partial T}$$

と書ける．一方

$$\ln Z_G = \frac{\lambda V}{h^3}(2\pi m k_B T)^{3/2}, \quad \langle N \rangle = \frac{\lambda V}{h^3}(2\pi m)^{3/2}\beta^{-3/2}$$

などの関係から

$$\left(\frac{\partial^2 \ln Z_G}{\partial \beta \partial \lambda}\right) = -\frac{3V}{2h^3}(2\pi m)^{3/2}\beta^{-5/2}, \quad \left(\frac{\partial \lambda}{\partial T}\right)_{V,N} = -\frac{3\lambda}{2T}$$

となる．ここで簡単のため $\langle N \rangle$ を N と書いた．上の 2 番目の関係は $\lambda T^{3/2} = $ 一定から得られたものである．上式から

$$\left(\frac{\partial^2 \ln Z_G}{\partial \beta \partial \lambda}\right)\left(\frac{\partial \lambda}{\partial T}\right) = \frac{9Nk_B}{4}$$

と計算される．こうして

$$C_v = \frac{15}{4}Nk_B - \frac{9}{4}Nk_B = \frac{3}{2}Nk_B$$

という正しい結果が得られる．このように大正準集団における $(\Delta E)^2$ は正準集団のものとは違うことに注意しなければならない．

索　引

あ 行

アーク放電　4
アインシュタイン模型　94, 120
圧縮率　144
圧力　21
アボガドロ数　36
アルコール温度計　10
イジング・スピン　126
イジング模型　126
位相空間　92
一次元調和振動子　88
一般運動量　90
一般座標　90
インバー　19
浮き磁石　12
宇宙背景放射　23
運動の自由度　41
運動量　88
液体温度計　10
液体空気　6
エネルギー等分配則　82, 118
エルゴード仮説　96
エントロピー　58
エントロピー増大則　61
温度　2
温度の定点　3

か 行

回転エネルギー　122
ガウス積分　74
ガウス分布　119
化学ポテンシャル　64
可逆過程　50
可逆機関　54
可逆サイクル　54
可逆変化　50
角振動数　88
カ氏温度　2
カルノーサイクル　44
カルノー冷凍機　46
カロリー　14
寒剤　6
関数方程式　71
完全反磁性　12
ガンマ関数　81
気圧　21

気化　14
気化熱　6, 14
気体定数　32
ギブス・デュエムの関係　65
ギブスの自由エネルギー　62
ギブス・ヘルムホルツの式　63
逆カルノーサイクル　46
凝固　15
凝固点　3, 15
凝縮　15
極座標　75
極値　103
極低温物理学　7
クラウジウスの原理　52
クラウジウスの式　46, 55
クラウジウスの不等式　56
ケルビン　2
格子振動　120
効率　46
固体の比熱　120

さ 行

サーモグラフィー　11
サイクル　44
作業物質　44
三重点　3, 20
三物体間の熱平衡則　8
磁気モーメント　126
示強性　115
自然対数　42
質量的作用　36
シャルルの法則　20
自由膨張　61
ジュール　14
準静的過程　27
昇華　21
昇華曲線　21
小正準集団　96
小正準分布　133
状態図　20
状態方程式　32
状態量　9, 20
状態和　107

常伝導　7
蒸発　14
初期位相　88
ショットキー比熱　163
示量性　65, 115
振動のエネルギー　89
振幅　88
水銀温度計　10
数密度　74, 107
スターリングの公式　102
正準集団　130
正準分布　130
赤外線　23
赤外線放射温度計　10
セ氏温度　2
絶対温度　2
絶対零度　2
セルシウス度　2
潜熱　14
線膨張　18
線膨張係数　18
線膨張率　18
相　20
双曲線関数　126
相図　20
速度空間　80

た 行

体温計　10
大カロリー　14
大正準集団　136
大正準分布　136
体積変化率　144
代表点　92
大分配関数　136
体膨張　18
体膨張率　18
対流　22
単振動　88
断熱圧縮　42
断熱過程　42
断熱消磁　7
断熱線　43
断熱変化　42
断熱膨張　6, 42
超伝導　7
超伝導磁石　7
超流動　7

索　引

ツェルメロ　53
定圧比熱　17, 40
定圧モル比熱　40, 84
抵抗温度計　10
定積比熱　39, 40
定積モル比熱　40, 84
ディーゼルサイクル　48
デュロン・プティの法則　120
転移温度　7
電気炉　4
等圧過程　40
等温圧縮率　144
等温圧縮　33
等温過程　33
等温線　43
等温変化　33
等温膨張　33
逃散能　137
等積過程　40
トムソンの原理　52

な　行

内部エネルギー　36
熱　14
熱機関　26, 44
熱源　33
熱速度　83
熱的作用　36
熱電対　11
熱伝導　8, 22, 50
熱伝導率　22
熱の仕事当量　30
熱平衡　8
熱膨張　18
熱容量　16
熱浴　33
熱力学　36
熱力学第一法則　38
熱力学第0法則　8
熱力学第二法則　52
熱力学ポテンシャル　67, 140
熱量　14
熱量計　24
熱量保存則　17

は　行

配置数　101

バイメタル　10
バイメタル温度計　10
パスカル　21
ハミルトニアン　89, 90
ハミルトンの正準運動方程式　89
光高温計　10
ビッグバン　23
比熱　16
比熱比　41
標準状態　33
標準偏差　142
氷点　15
ビリアル展開　135
不可逆過程　50
不可逆機関　54
不可逆サイクル　54
不可逆変化　50
不確定性関係　100, 134
フガシティ　136
不完全気体　134
物質の三態　20
沸点　15, 21
プラズマ　5
プランク定数　100
不良導体　22
分散　119
分子運動　36
分子間力　32, 79
分子量　32
分配関数　107, 130, 132
分布関数　70
ヘクトパスカル　21
ヘルムホルツの自由エネルギー　62
偏微分　39
変分　103
ポアンカレ　53
ポアンカレサイクル　53
ボイル・シャルルの法則　32
ボイルの法則　32
放射　22
放射熱　22
棒状温度計　10
飽和蒸気圧　21
ボルツマン　53, 79
ボルツマン因子　79
ボルツマン定数　78, 79

ボルツマンの原理　110, 133

ま　行

マイスナー効果　12
マイヤーのf関数　146
マイヤーの関係　40
マクスウェルの仮定　71
マクスウェルの関係式　62
マクスウェルの速度分布則　78
マクスウェル分布　78
マクスウェル・ボルツマン分布　106
マクスウェル・ボルツマン分布則　106
摩擦熱　26, 50
水当量　24
ムティエの定理　68
面積膨張　18
モル数　32
モル比熱　40
モル分子数　36

や　行

融解　15
融解曲線　21
融解熱　14
融点　15, 21
ゆらぎ　142

ら　行

ラグランジアン　90
ラグランジュの未定乗数　105
力学的作用　36
理想気体　32
量子状態　121
良導体　22
冷媒　6
ロシュミット　53
ロシュミット数　74

欧　字

$\varGamma$ 空間　93
μ 空間　92

著者略歴

阿部 龍蔵（あべ りゅうぞう）

1953 年　東京大学理学部物理学科卒業
　　　　東京工業大学助手，東京大学物性研究所助教授，
　　　　東京大学教養学部教授，放送大学教授を経て
　　　　東京大学名誉教授　理学博士
2013 年　逝去

主要著書

統計力学 (東京大学出版会)　現象の数学 (共著，アグネ)
電気伝導 (培風館)
現代物理学の基礎 8 物性 II 素励起の物理 (共著，岩波書店)
力学 [新訂版] (サイエンス社)　量子力学入門 (岩波書店)
物理概論 (共著，裳華房)　物理学 [新訂版] (共著，サイエンス社)
電磁気学入門 (サイエンス社)　力学・解析力学 (岩波書店)
熱統計力学 (裳華房)　物理を楽しもう (岩波書店)
ベクトル解析入門 (サイエンス社)　新・演習 力学 (サイエンス社)
新・演習 電磁気学 (サイエンス社)　Essential 物理学 (サイエンス社)
物理のトビラをたたこう (岩波書店)

新物理学ライブラリ＝7

熱・統計力学入門

2003 年 11 月 10 日 ©	初 版 発 行
2023 年 9 月 25 日	初版第 6 刷発行

著　者　阿部龍蔵　　　発行者　森平敏孝
　　　　　　　　　　　印刷者　篠倉奈緒美
　　　　　　　　　　　製本者　小西惠介

発行所　株式会社　サイエンス社
〒 151-0051　東京都渋谷区千駄ヶ谷 1 丁目 3 番 25 号
営業　☎ (03) 5474-8500 (代)　振替 00170-7-2387
編集　☎ (03) 5474-8600 (代)
FAX　☎ (03) 5474-8900

印刷　(株) ディグ　　　製本　ブックアート

《検印省略》

本書の内容を無断で複写複製することは，著作者および
出版者の権利を侵害することがありますので，その場合
にはあらかじめ小社あて許諾をお求め下さい．

ISBN4-7819-1051-3
PRINTED IN JAPAN

サイエンス社のホームページのご案内
http://www.saiensu.co.jp
ご意見・ご要望は
rikei@saiensu.co.jp　まで．